生物の科学
遺伝いきものライブラリ **1**

ペンギンの
生物学

ペンギンの今と未来を深読み

NTS

【執 筆 者 一 覧】

〈研究論文〉

森 貴久
帝京科学大学　生命環境学部　教授

安藤 達郎
足寄動物化石博物館　副館長

塩見 こずえ
国立極地研究所　生物圏研究グループ　助教

阿部 秀明
佐渡トキ保護センター　理学博士／獣医師

上田 一生
ペンギン会議研究員，IUCN・SSC・ペンギン・スペシャリスト・グループ (PSG) メンバー

國分 亙彦
国立極地研究所　研究教育系生物圏研究グループ　助教

〈Photo Gallery〉

楠田 幸雄
長崎ペンギン水族館　館長

森 貴久
帝京科学大学　生命環境学部　教授

安藤 達郎
足寄動物化石博物館　副館長

〈国際ペンギン会議，ペンギン・レッドリスト〉

上田 一生
ペンギン会議研究員，IUCN・SSC・ペンギン・スペシャリスト・グループ (PSG) メンバー

〈企画・ディレクション〉
大西 順雄 (株式会社エヌ・ティー・エス)

『生物の科学　遺伝』いきものライブラリ刊行について

『生物の科学　遺伝』いきものライブラリは，隔月刊行誌『生物の科学　遺伝』の特集を持ち歩きしやすいサイズにリメークしたシリーズです。『生物の科学　遺伝』の特集は，最新の研究論文を中心に，いきものの研究最前線をお伝えしてきました。『いきものライブラリ』はグラビアページのレイアウトを拡充し，全ページにわたって写真をじっくり見て楽しんでいただけるレイアウトを採用しました。

　いきものライブラリ①「ペンギンの生物学」にリメークするに当たり，『生物の科学　遺伝』の特集では掲載できなかった多くの周辺情報を加えました。国際ペンギン会議（IPC）の31年間の活動を紹介することで，これまでのペンギンの研究の流れと保護・保全の動向を紐解くことから始め，「ペンギンのことをもっと深く知っていただく」ことを目指しました。また，国際自然保護連合（IUCN）のペンギン・スペシャリスト・グループ・メンバーの上田一生氏のご協力で，Bird Life International〈http://www.birdlife.org/〉掲載の鳥類レッドリストから世界のペンギン全18種類の「ペンギン・レッドリスト」のポイントを抄訳いたしました。絶滅危惧状況を含めた現在のペンギンの実態を詳細に知ることができます。このレッドブックは毎年改訂されていますが，邦訳された資料は本書が初となります。関係する皆様にぜひご利用いただきたいと考えております。

　資料として，日本国内の水族館・動物園のペンギン飼育情報を一覧表にまとめました。読者の皆様の近くにある水族館や動物園にどの種類のペンギンがいるのか，また○○ペンギンに会うにはどの園館を訪ねればいいのか，すぐに分かるようにしています。ペンギン観察の際にご利用いただければと思っております。

　『生物の科学　遺伝』いきものライブラリは，「見て・知って・考えて・観る」をテーマに，動植物，鳥，昆虫などのシリーズ化を企画しております。『生物の科学　遺伝』になかったプラスアルファ情報にもご期待ください。

『生物の科学　遺伝』編集部

ペンギンの生物学 ◉ 目次

Photo Gallery 2

ペンギンが見た海の中

Photo Gallery 3

日本にもペンギンがいた？

ペンギン——行動と研究最前線

総論 ペンギンの生物学：入門編
—— ペンギンの現在・過去・未来を知るために

1 ペンギンの進化と多様性
—— 明らかになりつつあるペンギン進化の全体像

国際ペンギン会議

国際ペンギン会議（IPC）から紐解く「現代ペンギン学史」
——10回目を迎えたIPCから見えてきたこと

上田 一生 *Kazuoki Ueda*

ペンギン会議研究員，IUCN・SSC・ペンギン・スペシャリスト・グループ (PSG) メンバー

はじめに

　ペンギンに関する国際学会「国際ペンギン会議（以下IPC）」は2019年8月，ニュージーランドのオタゴ大学で開催され，10回目となる一つの節目を迎えた（図1）。1988年8月，同大学で産声をあげたIPCは，31歳の年輪を重ねてきたことになる（図2）。筆者は幸運にも，その初回から，この学会を支えてきた多くの研究者と交流し，彼等の活動を間近に観察するとともに，いくつかの共同研究や国際会議，あるいは調査活動に参画する機会を得ることができた。現代ペンギン

図1　第10回IPCの発表会場

やはりオタゴ大学の大講堂がメイン会場となった。会場の大きさを第1回と比較すると，参加者数が倍増していることがわかる。2019年，筆者撮影。

図2　第1回IPCの発表会場

オタゴ大学の階段講堂がメイン会場となった。1988年，筆者撮影。

学の大きな潮流に身を置きつつ，この31年間を改めて振り返ると，この学問分野が担いそして果たすべき地球規模の役割が見えてくる。同時に，この分野が，なぜそのような発展を遂げたのか？　ペンギン学が内包するさまざまな可能性と私たちの知的好奇心を刺激し続ける独特の原動力について，気づかざるを得ない。ここでは，IPCの歩みを中心に，そこから垣間見える「現代ペンギン学」の展開と，今後の可能性について考えていきたい。換言すれば，「現代ペンギン学史」を提示しようと思う。

IPC以前：現代ペンギン学の先駆者は誰か？

　別項（「ペンギン保全と繁殖への取り組み」）で述べたとおり，近代的な意味で科学的なペンギン研究が始まったのは，1883年，つまり136年前だといわれている[注1]。一方，IPC設立に到る流れは，第二次世界大戦後，おそらくは1950年代以降に生じたと考えられてきた。第1回IPCの成果をまとめた記念碑的な文献『PENGUIN BIOLOGY』[注2]の序章の中で，バーナード・ストーンハウス（図3）は次のように述べている。

　「1988年8月16〜19日，ニュージーランド，ダニーデンで開催された第1回国際ペンギン会議は，まさに『時と所を得た』学会だった。（中略）ダニーデン近郊に位置するオタゴ半島は，1930〜40年代，世界で初めてペンギンに関する長期的個体数研究がおこなわれた場所だからである。その記念すべき地に，今，80人以上の第一線のペンギン研究者が，アメリカ，イギリス，オランダ，フランス，ドイツ，オーストラリア，ニュージーランド，南アフリカから，各々南半球での研究成果を携えて集い，これにヨーロッパや北アメリカの動物園・水族館からの参加者も加わっている。この人々は，現在世界で活動しているペンギン生物学者の80パーセントを優に超えるに違い

図3　バーナード・ストーンハウス博士
（62歳当時）

1988年，第1回IPCにて筆者撮影。

ない。（中略）現代的基準でいえば，80人規模のペンギン学会は確かに決して大きな会合だとはいえないだろう。しかし，およそ半世紀前，第二次世界大戦直前まで遡ると，ペンギン研究者の絶対数はもっと少なかったのである。1938年時点でのペンギン学者をすべてかき集めても，中くらいの食卓をぐるりと囲むくらいの人数しかいなかったに違いない。」

この原稿は，1988年の第1回IPCの基調講演に基づいている。当時，ストーンハウスはケンブリッジ大学の「スコット極地研究所」に所属していた。英国海軍士官だった彼は，第二次世界大戦直後，1940年代後半から南極海での科学調査任務につき，その後，南極海での生物研究，特にペンギン研究者としての道を歩み始めた。第1回IPC時点で，すでに40年以上の研究実績を持っていたストーンハウスは，その温厚な人柄と後進育成に尽力してきたこともあり，1970〜90年代におけるペンギン学界のオピニオンリーダーだった。

彼は，前掲の文に続けて，1920〜30年代の主要なペンギン研究と研究者を列挙する。その時代の『動物学会報Zoological Record』をすべて確認しても，ペンギンについてはわずか数報の掲載しかないこと。注目すべき研究者として，オークランド博物館（ニュージーランド）の若き鳥類学者ロバート・ファラによる亜南極圏内での有冠ペンギン属とキガシラペンギンに関する実績（1937年），アメリカ自然史博物館（ニューイングランド）所属の鳥類学者ロバート・カッシュマン・マーフィーによる南極，サウスジョージア島，南アメリカに分布するペンギンに関する報告（1936年）をあげている。さらに，英国領グラハムランド探検調査に加わったブライアン・ロバーツによるサウス・シェトランド諸島およびサウスジョージア島のペンギンに関する研究（1940年）にも言及し，ロバーツの研究手法が当時としては革新的なものだったと指摘する。

1920〜30年代のペンギン研究の多くは，基本的な分布域調査とおおまかで一時的な個体数報告が中心だった。生物学的報告というより，地理学的あるいは地誌学的レポートと考えた方がいいかもしれない。その原因は，調査期間の短さや移動手段（主に船舶の性能）の限界，そして調査機材（カメラその他の光学機器，通信・記録機器）の限界にある。極めて厳しい自然環境（主に低温と強風・波浪）が支配する亜南極や南極圏内でのペンギン研究には，その過酷な条件に耐えて活動を続けるためのさまざまな専門的用具や特殊・特注の機材が欠かせない。これらの条件が急速に改善され始めたのは，後述するように，1960年代以降のことだった。特に，現在のようなハイテク機材が普及したのは1980年代以降のこと

であり，それより半世紀も前の研究には，大きな制約があったのである。

一方1920〜30年代，すなわち「現代ペンギン学の黎明期」に，新たな研究手法あるいは研究分野を見いだした研究者たちがいた。それが，ストーンハウスが指摘する4人，ブライアン・ロバーツ（イギリス），ランスロット・リッチデイル（ニュージーランド），ジョージ・アーレイ・レヴィック（イギリス），ジョージ・ゲイロード・シンプソン（アメリカ）である。この内，前三者には共通点が二つある。第1は，「繁殖生態」に注目し，ペンギンの基本的「生活史」や「社会生態」を詳細に記録してこれを科学的に分析しようとしたこと。第2は，個体数を継続的かつより厳密に調査し，今日の「個体数学」，「長期個体数変動研究」の端緒を切り拓いたことである。その功績をストーンハウスは次のように表現している。

「ロバーツは，あのコンラート・ローレンツとニコ・ティンバーゲンが後に確立した新しい生物学的研究手法を独自に見いだしつつあった。ロバーツこそ，ペンギンを新たな手法で研究しようと試みた最初の人物であり，その姿勢は研究報告を通じてリッチデイルを感化した。リッチデイルは，残念なことに，ニュージーランドにいた同郷・同時代の人々，特に生物学者に見いだされることはなかった。彼から見れば，同郷の学者達は彼を見下すだけの存在だったのである。リッチデイルは，ロバーツの報告に活路を見いだす。そして，もしロバーツに直接出会っていれば，語り合いたいことが山ほどあったに違いない[注3]。」

ここでストーンハウスがいう「新しい生物学的研究手法」とは，「比較動物行動学（エソロジー）」のことである。ローレンツとティンバーゲンは，その研究実績が高く評価され，1973年，生物学者として初めて「ノーベル医学・生理学賞」を受賞したことは有名である。この二人が，自らのユニークな研究手法を確立しつつあったまさにその時，ほぼ同時代に，イギリスのロバーツとニュージーランドのリッチデイルも，ペンギン研究において後に「比較動物行動学」とよばれる視点・研究方法を独自に樹立しつつあった。しかも，リッチデイルは「プロの生物学者＝学位を有する研究者」ではなく，高校教員としての勤務のかたわら，近隣の野鳥を観察し，自らあみだした方法でその精密な記録を集積して分析したアマチュア研究者だった。ここにこそストーンハウスがリッチデイルを"現代ペンギン学の先駆者"と評価する最大のポイントがある。

ストーンハウス自身も，元々はアマチュア研究者だった。彼は，南極の生物に魅了され，英国海軍士官からペンギン研究者に転身した経歴の持ち主である。そして，そのストーンハウスこそ，第1回IPCをニュージーランドのオタゴ大学で

開催することを最も強く主張した人物である。第1回IPCがニュージーランドで開かれたのには，後述するように他にも事情があった。しかし，1980年代後半のペンギン研究者の間では，リッチデイルの生き方や研究実績を高く評価し，彼を人間的にも尊敬する傾向が顕著だったことは，筆者自身が現場で見聞きしている。また，「ペンギン研究センター」としてのオタゴ大学に，多くの研究者が憧れを抱いていたことも事実である。さらに，「鳥学」，「鳥類学」の世界では，古くからアマチュアリズムが尊ばれてきた。そこには，「博物学」の良き伝統が継承されていると考えることもできる（ペンギン研究と博物学との歴史的関係については，拙著『ペンギンは歴史にもクチバシをはさむ』(岩波書店, 2006) に詳述したので，ご確認いただきたい）。

ペンギン学の4人の先駆者たち

　ここまでの考察をまとめてみる。1970～90年代，「ペンギン学のオピニオンリーダー」であり，第1回IPC開催の主唱者でもあったストーンハウスによれば，現代ペンギン学の先駆者は，ロバーツとリッチデイルである。それは，1920～30年代の極めて限定的なペンギン研究の分野と手法に革新的な視点＝比較動物行動学的視座を独自に導入したことにある。実は，この評価には付け加えるべき留意点が2点ある。それは，先に掲げた「1920～30年代に新たな研究手法・研究分野を見いだした研究者4人」の内の二人について，まだ言及していないからである。

　一人は，前述のマーフィーと同時代，アメリカ自然史博物館で研究助手として勤務していたジョージ・ゲイロード・シンプソンである。彼は，1940年代後半から1970年代にかけて，古生物学者として，鳥類やペンギンに関する多くの論文や一般書を発表して注目を集めた。特に，1975年に出版された『PENGUINS Past and Present, Here and There』(Yale University Press) は，名著として評価が定着している。ストーンハウスも，やや歳上で先輩のシンプソンに敬意を表しつつ，そのペンギン古生物学的実績を高く評価しているが，実際にシンプソンがペンギン学の世界で頭角を現すのは第二次世界大戦後，しかも1960年代以降だった。したがって，シンプソンは，後輩のストーンハウスよりも少しだけ早くペンギン学の世界にデビューしたことになるため，現代ペンギン学の先駆者とはよびにくい。

　もう一人は，ジョージ・アーレイ・レヴィックである。レヴィックは，英国海軍のロバート・ファルコン・スコット率いるテラ・ノヴァ号による1910～13年の南極探検隊に参加し，いわゆる「北部支隊」の外科医を務めた人物である。ア

デア岬のアデリーペンギンに関する観察と詳細な記録に基づいて，1914年には一般書を出版[注4]，その翌年には繁殖生態に関する論文を発表した[注5]。彼の著書や論文は，やはりスコット隊に同行した写真家ハーバード・ポインティングの映像とともに，大きな反響をよんだ。「レヴィックの筆力とポインティングの動画映像の効果で，スコット隊の探検は，ペンギンを小さな燕尾服の紳士だと受けとめる風潮を定着させることに貢献した」――ストーンハウスはそのように評価している。

　しかし2019年，レヴィックの業績をより重視するペンギン研究者が現れた。オタゴ大学のロイド・デイヴィスは，その最新刊『A POLAR AFFAIR』(Pegasus Books, 2019) で，レヴィックの実績を詳しく紹介し，新発見の史料も加えた上で，彼を「世界で最初のペンギン生物学者」だと主張した。「レヴィックによるアデリーペンギンの繁殖生態に関する詳細な報告は，ヴィクトリア朝風のモラルに衝撃を与え，このペンギンに関する一般の認識を根本的に変えた」――デイヴィスはそう断言する。

　デイヴィスは，筆者の30年来の友人であり，国際自然保護連合 (IUCN) の「ペンギン・スペシャリスト・グループ (PSG)」メンバーとしても，筆者の同僚である（図4）。彼の著書は，これまでも英語圏諸国で注目されており，今回の最新刊も，出版されるやいなや，すぐにアメリカの『ザ・ニューヨーク・タイムズ』をはじめ，世界各国の主要なメディアの書評欄で取り上げられている。現在は，ペンギン研究の「聖地」の一つ，ニュージーランドのオタゴ大学理学部の看板教授の一人であり，第10回IPC主催者のリーダーでもある。つまり，彼自身が，ストーンハウス亡きあと (2014年没，88歳)，世界のペンギン学会をリードする主要な研究者の一人であり，「現代ペンギン学の先駆者」を巡るストーンハウスの見解に，新たな一石を投じた形である。レヴィックの業績をペンギン学史上どのよ

図4　ロイド・デイヴィス博士と筆者
第10回IPC会場にて撮影。2019年。

うに評価するか，今後，新たな論争が始まるかもしれない。

IPCの31年：IPCはなにをしてきたのか？

　過去10回のIPCについて，簡単にまとめた（付表1）。第1回（1988年）から第5回（2004年）までは4年ごとに開催されていたが，第6回（2007年）以降は3年ごとの開催となり，開催周期が1年短縮されている。つまり，1980年代当時の予想に反して，学会を頻繁に開催する必要性が高まってきたということである。学会を巡る客観的な情勢にどのような変化が生じたのだろうか。ここに，現代ペンギン学とIPC最大の特徴が明確に現れている。もう少し具体的にその特徴をまとめると，概略，以下の6点となる。

① 　ペンギン研究者数とその報告（発表論文）件数が増加し続けている。
② 　新たなペンギン研究手法が進化し続けている。
③ 　気候変動，地球温暖化等の現象を科学的に検証するための「環境センサー」としてのペンギンという共通認識が着実に拡がりつつある。
④ 　ペンギンの保全・救護活動の重要性と緊急性が高まっている。
⑤ 　飼育下個体群の管理・教育・研究活動と，野生個体群の保全・研究活動との連携が急務だという認識が拡大しつつある。
⑥ 　より効果的な共同研究の可能性を模索し，研究者のスムーズな世代交代を積極的に進める必要性が広く理解されるようになってきた。

　さらに，初回から参加している筆者の実感として，次の3点を加えたい。

Ⓐ 　IPCへの参加者数が着実に増加している。
Ⓑ 　全員参加の原則（分科会形式を採用しない）が堅持されている。
Ⓒ 　公開性の原則が堅持されている。

　これら九つの傾向の共通点，すなわちIPC最大の特徴は何かといえば，「常にペンギン保全への意識と配慮が貫かれている」ということになるだろう。

IPC関連事項

	期間	開催地	口頭発表数
第1回IPC	1988年8月16~19日	ニュージーランド，ダニーデン	48件
第2回IPC	1992年8月24~28日	オーストラリア，フィリップ島	56件
第3回IPC	1996年9月2~6日	南アフリカ，ケープタウン	66件
第4回IPC	2000年9月4~8日	チリ，ラ・セレナ	55件
第5回IPC	2004年9月6~10日	アルゼンチン，ティラ・デル・フエゴ	60件
第6回IPC	2007年9月3~7日	オーストラリア，タスマニア島	60件
第7回IPC	2010年8月29~9月3日	アメリカ，ボストン	75件
第8回IPC	2013年9月2~6日	イギリス，ブリストル	64件
第9回IPC	2016年9月5~8日	南アフリカ，ケープタウン	65件
第10回IPC	2019年8月24~28日	ニュージーランド，ダニーデン	66件
第11回IPC	2022年8月予定	チリ，ビーニャ・デル・マール	
第12回IPC	2025年8月予定	オーストラリア	

ペンギン学，その他関連事項

年代	事象
1914~1930年代	現代ペンギン学の黎明期（レヴィック，ロバーツ，リッチデイル）
1950年代	国際地球観測年以降，南極観測・南極研究進展
1960~1970年代	著名なペンギン文献の出現（スパークス，ソーパー，シンプソン，スレイドン，ピーターソン）
1975~1985年	現代ペンギン学の隆盛期（ハイテク研究手法の登場・普及，オゾンホール，地球温暖化，気候変動問題の深刻化）
1988年	IPCC設立
1992年	8月18・19日 IUCN主催 ペンギンCAMP開催 ニュージーランド，クライストチャーチ
1995年	COP1 ベルリン
1996年	9月2~6日 IUCN主催 ケープペンギンPHVA開催 南アフリカ，ケープタウン
1996年	11月27・28日 PCJ主催 フンボルトペンギン保護国際会議開催 日本，横浜
1997年	COP3 京都
1998年	9月25日~10月1日 IUCN主催 フンボルトペンギンPHVA開催 チリ，オリュミエ
2015年	IUCNの種の保存委員会（SSC）内にペンギン・スペシャリスト・グループ（PSG）設立，翌年『ペンギン・レッドリスト』完成・公表

　IPCの「仕掛人」であったストーンハウスは，第1回・第2回の会合で会った時，大事なのはペンギン保全への意識であるということを強調していた。

　「あなたは，野生のペンギンなどいない日本から，しかもプロの研究者でもないのに，なぜわざわざ南半球まで出かけて来たのですか？　それは，単純にペンギンが好きだからという理由だけではないはず。研究者だけでなく，野生地で保全活動や救護活動をしている人々と直接交流したり，そのような活動に関心を持ち支援していきたいと考える各国の飼育技術者と出会うことで，この生き物への理解と関係を深めたいと考えているからではありませんか？　それは，私の思いと同じなんですよ。」

　第1回IPCの2日目には，ストーンハウスから「3題分の発表の司会」を突然命じられて冷や汗をかいた。しかし，それこそストーンハウスの目指すところだったのである。アジア人の参加者は筆者一人だったから，この出来事をきっかけに他の参加者からも珍しがられ，交流が一気に深まった。ストーンハウスの術中にはまった結果，このあと紹介する多くの「Penguin People（ペンギン人）」と出会い，31年間，彼らと行動を共にすることになった。

IPC開催への経緯

　IPC開催に到る経緯を概観する。それは，2冊の本でくくることができる。1冊目は『THE BIOLOGY OF PENGUINS』(ed. Bernard Stonehouse, THE MACMILAN PRESS LTD. 1975)，2冊目は『PENGUIN BIOLOGY』(前出, 1990) である。この2冊のペンギン本が出版された15年間に，IPCが準備され動き出したのである。

　1冊目の文献は，すでに別項で紹介した。この本は，当時の主要なペンギン研究者が執筆した論文集であり，その執筆者の過半数は，現在，ペンギン学のレジェンドとして知られる人々である。特に，ディー・ボースマ（アメリカ），G. L, コーイマン（アメリカ），D. G. エインリー（アメリカ），ピエール・ジョヴァンタン（フランス），D. ミュラーシュヴァルツ（アメリカ），ポーリン・レイリー（オーストラリア），J. ウォーハム（ニュージーランド）らの業績は広く知られている。この本を編纂した当時，ストーンハウスはブラッドフォード大学（イギリス）環境科学部の教授だった。したがって，初めて「ペンギンの生物学」を名乗った論文集

のメインテーマは，「ペンギンの保全」だったのである。

　一方，1960～70年代には，著名なペンギン文献が次々に登場する。英国国営放送（BBC）のスタッフであったジョン・スパークスとトニー・ソーパーによる『PENGUINS』(DAVID & CHARLES, 1967)，G. G. シンプソンの『Penguins』(前掲書, 1976)，ペンギン特集を組んだ『1978 International Zoo Yearbook volume 18』[注6](ジョーンズ・ホプキンス大学ウィリアム・スレイドン＝病理学が専門＝がまとめている)，そして著名な生物画家鳥類画家であり，探検家としても知られていたロジャー・トニー・ピーターソンの『PENGUINS』(HOUGHTON MIFFLIN COMPANY, 1979) などである。これらの「ペンギン本」は各国語に翻訳され，ペンギンの基本的形態や生態，そして人間との関係や現状に関する一般的理解を深めることに貢献した。

　中でも，フンボルトペンギンとケープペンギンの個体数減少や生息環境の悪化に，人々の関心が寄せられた。フンボルトペンギンはやがて，いわゆるワシントン条約の付属書Ⅰに指定され，1990年代以降，原産国のチリやペルーをはじめ，日本を含めた条約締約国が各々の国内法を整備していくに従って，このペンギンの商業取引は厳格な管理下に置かれていく。ケープペンギンは，重油流出事故による汚染問題が深刻さを増していく中で，どのように救護活動を展開していくのか，やはり世界の注目するところとなっていった。特に，南アフリカ国内の個体群については，救護ボランティアと活動資金をいかに継続的に確保・調達していくのかが，重い課題となった。

　つまり，1960～70年代における「ペンギン保全」のメインテーマは，現在のような気候変動や地球温暖化問題ではなく，開発や人為的な火災による生息地破壊，餌生物の乱獲や混獲の影響，密漁問題，海洋汚染の影響，あるいは重油流出事故への対応等が中心だった。1975年にストーンハウスが編纂した論文集は，それらの課題の現状と展望を包括的に示す狙いがあったといえる。しかし，1970年代後半～80年代前半にかけて，人間とペンギンや地球環境を巡る問題は，加速度的にその複雑さを増し，大規模かつ深刻になっていった。

　同時に，これらの環境変化を体現する野生動物，陸と海とを行き来することを生活の基本とする野生動物としてのペンギンに，深く関心を寄せる研究者が着実に増加していく。1960年代後半から70年代前半の10年間の報告を基礎にまとめられたストーンハウスの文献『THE BIOLOGY OF PENGUINS』(前掲書, 1975) には，総計600点ほどの参考文献が掲載されているが，1990年の『PENGUIN

図5　第1回IPCと第2回IPCの結果は，その後，二つの論文集として出版された

第1回の結果をまとめた『PENGUIN BIOLOGY』は「ペンギン生物学」の確立を宣言する基本文献として，また，第2回IPCの結果をまとめた『The Penguins』は「ペンギン保全生物学」のバイブルとして評価されている。

BIOLOGY』（前掲書，デイヴィス，ダービー編纂）には1200点近い文献紹介がある。さらに，1995年，トニー・D・ウィリアムズが編纂した論文集『The Penguins』(Oxford University Press)には，1,500点近い報告・文献の紹介と言及が見られる（図5）。

これらの実績は，各国内または国際的な各種学会（生物学，動物学，鳥類学，病理学，生理学，解剖学，極地に関するさまざまな研究分野など）で発表されたり，大学や各種研究機関が発行する年報や紀要に掲載されたりするのが普通だった。現在のように，即時性，公開性，互換性の高い情報交換媒体が存在しなかった1960〜70年代の一般的状況を勘案すると，このような研究の活況・活性化は「爆発的増加」と表現しても差し支えない。

先端技術と地球環境が研究を後押し

　ペンギン学の隆盛には，あと二つ重要なファクターがある。第1は，研究手法，特にバイオテレメトリー，バイオロギングなど，先端技術を応用した革新的研究手法・研究機材の進化と導入である（図6）。第2は，オゾンホール，地球温暖化，気候変動，ツーリズムの影響への関心の高まりである。1975〜85年の10年間，これらの新たなファクターが一気に世界の耳目を集めた。

　1970年代以来，欧米では，電波または超音波発信器を水生動物に取り付け，そこから発信された電波を受信して主に平面的な位置情報を追跡する「バイオテレメトリー」とよばれる研究手法の開発が進展した。多くの研究者がさまざまな機器メーカーと共同で，より強靭で精密な観測機器の技術革新に果敢に挑戦した。時を同じくして，アメリカやドイツ，日本をはじめとする各国の研究機関では，「バイオロギング」とよばれる研究手法，研究機材の開発が急速に進んでいた。一定の情報を一定期間，連続的に記録できる超小型記録計を生物に装着・回収して，その生物の生態や運動・生理に関する基礎情報を得ようとする手法である。たと

えば，日本では，国立極地研究所の内藤靖彦博士らが中心となり，1986年にアナログ式（巻き取り式の記録紙にデータを書き込む方式）の小型深度記録計が開発され，主に亜南極や南極圏内でアザラシなどの潜水行動の研究に用いられた[注7]。1990年代以降，バイオテレメトリー，バイオロギングの手法・機材は，次第にデジタル化・小型化され，超音波，静止画，動画機能が加

図6　IPCメイン会場のロビーに店開きした「最新機材」のブース

第9回IPC，2016年，南アフリカケープタウン会場にて，筆者撮影。

わり，人工衛星を利用した「サテライト・トラッキング・システム：衛星自動追跡装置」へと展開していった。

　1990年，ロイド・デイヴィスとジョン・ダービーは，第1回IPCの報告論文集（前掲書『PENGUIN BIOLOGY』）で，次のように述べている。

　「ペンギン生物学は，1970年代半ば以降，劇的な変化を遂げた。ほかのどの鳥類にも増して，野生のペンギンを最新の技術を駆使した手法や機材で観測する研究が進んでいる。これまでは，ペンギンの海での生態は，双眼鏡やフィールドノートだけではとても追跡できず，科学的分析に十分耐えるレベルで究明できるものではなかった。1980年代に入ってからの電子機器の小型・軽量化によって，計測機材をペンギンに装着しその海での行動を連続的に記録することが可能になったのである。また，この新たな研究手法の登場によって，野生のペンギンの採食とエネルギー消費を正確に計測できるようになった。」

　そして，さらに次のようにつけ加える。

　「これに付随して，ペンギンに関する長期継続的研究が多くの成果をあげつつある。それは，この鳥の繁殖生態に関する研究をさらに補強し拡充していくだろう。このようなペンギン生物学の進展によって，研究者は，ペンギンをさらに大きな生物学的・科学的一般命題を解き明かす，効果的題材としていくことができるに違いない。」[注8]

　デイヴィスが言及する「長期継続的研究」とは，ストーンハウスが指摘した「ペンギン学の先駆者たち」による基礎研究（地道な個体数調査と繁殖生態に関する

詳細で正確な記録と分析）の伝統が，第二次世界大戦以前からすでに半世紀以上の間，連綿として引き継がれていることの重要性についてである。1930～40年代，リッチデイルがキガシラペンギンの分布・個体数・繁殖状況を精確に記録し報告してくれていたからこそ，1980年代に入ってから，このペンギンが絶滅の危機にあることが判明した。あるいは，第一次世界大戦中（1910年代，つまり100年前）に，レヴィックがアデリーペンギンについて克明に記録していたからこそ，南極を代表する生物の一つであるこのペンギンに，今，どのような変化が起きつつあるのか，より正確に理解し考えることができるのである。

　つまり，新しい研究手法・研究機材の開発と普及は，長期的・継続的研究と車の両輪の関係にある。新手法は，表面的には派手なパフォーマンスに見えるかもしれない。しかし，それによって得られたデータや知見は，これまで蓄積されてきた膨大な研究実績の前に置かれた時，また別の視点，単独・短期的研究からは見いだせない新たな光明を発することがある。血気盛んな若き研究者は，時として「古くさいデータや研究」に眼をつぶり無視してしまうこともあるかもしれない。1980年代後半，ストーンハウスたちをIPC開催に急き立てたのは，まさにこのような状況が加速度的に進展していた「時代の空気」，「時代の要請」だったといえる。

　しかも，「時代の空気」は，ペンギンそのもの以外の場でも，さらに一層大きく動き出していた。すなわち，オゾンホール，地球温暖化，気候変動，さらにツーリズムの弊害への関心が，地球規模で高まりつつあったからである。地球環境と野生動植物に関するグローバリズムの進展とでもよぶべき変化が，1975年以降，10年間で急速に進んだ。

　オゾンホールは，1983年，南極昭和基地の観測データによって初めて発見され，翌年，公式に発表された。有害な紫外線量の増加が南極や南半球，極地の動植物にどのような影響を及ぼすのか？　多くの生物がモニターされたが，ペンギンは，特に注目度の高い生物の一つとなった。国連の「気候変動に関する政府間パネル（IPCC）」が正式に設立されたのは，第1回IPCと同じ，1988年のことである。しかし，すでに1970年代後半から「国連環境計画（UNEP）」と「世界気象機関（WMO）」との間で，気候変動に関する分析と意見交換が活発化していた。結局，UNEPとWMOが統合されてIPCCとなるのだが，この間，ペンギン研究者の多くが，各繁殖地，生息地域内のペンギン個体数と採食行動・繁殖状況などを詳細にモニターし，さまざまな国連機関にレポートしていた。この流れは，やがて，

いわゆる「気候変動枠組条約（COP1）」の締結（1995年，ベルリン）へと向かう。

　オゾンホール，気候変動，地球温暖化への関心の高まりは，必然的に「指標生物」としてのペンギンへの注目度上昇という結果を生んだ。環境汚染など従来からの問題に加え，新たな人為的ハードルとリスクがペンギンの野生個体群に立ちはだかった。第1回IPCでは，すでに「ペンギンは重要なモニタリング・アニマル」だという共通認識が研究者間に共有されていた。ペンギンだけではない。鳥類全般についても，気候変動との関係に注目した研究やレポートは，近年，爆発的に増加している。たとえば，ピーター・O・ダンとアンダース・ペイプ・モラー『EFFECTS OF CLIMATE CHANGE ON BIRDS』(OXFORD UNIVERSITY PRESS, Ed.Peter O. Dunn, Anders Pape Moller, 2019) によれば，「気候変動と鳥類」をテーマとする論文は，2010〜19年の10年間で，7,574件から11.400件に急増し，温暖化をテーマとする論文の総計は364,400件に達したという。この中には，多数のペンギンと気候変動との関連をテーマとする論文が含まれていることはいうまでもない。

　これに加え，高まりつつあった「エコツアー」の功罪に注目する研究者が増加していった。野生のペンギンを観察できることを「売り」にするツアーが，1970年代後半から急増する。南極，亜南極の島々をはじめ，オセアニア，南アメリカ，南アフリカの生息地に観光客が押し寄せた（図7）。1980年代以降は，欧米や日本以外にも，中国，インドを中心とする経済成長著しいアジア諸国の団体旅行客がこれに加わる。ネット検索するとすぐにわかるが，21世紀に入ると，大型旅客機で直接南極大陸の氷床部に造られた飛行場にやってきて，ウェディング・ドレス姿でペンギンをバックに記念撮影をするツアーまで出現した。

　ストーンハウスやボースマは，「保全生物学」の専門家として，この状況に警鐘を鳴らし始める。彼ら「ペンギン保全生物学者」たちは，エコツアーの弊害が懸念される野生地で活動する保全・救護団体や研究者と協力しつつ，エコツアーに一定のガイドラインを設ける活動を強化する。南極観光の場合は，すでに「南極条約」による規定があったが，これを周知徹底させるべく，あらゆる機会をとらえ，またあらゆる媒体を駆使して，さまざまな情報発信を続けている。児童書や観光ガイドブックを含むストーンハウスの一連の著作[注9]は，この時以降急増した。また，ボースマらが設立した『Global Penguin Society（GPS）」』[注10]の主な活動目的の一つは，エコツアーの正しく適切な実施と運用にある。

　特に，ストーンハウスは，観光客だけでなく，研究者の急増と研究活動の加熱が野生のペンギンに及ぼす影響を心配していた。「オーバーリサーチ」の問題で

図7　マグダネーラ島 (チリ) で，マゼランペンギンの繁殖地を観察する観光客

上陸用舟艇を改造した観光船が，一度に100人近い観光客を運んでくる。2001年，筆者撮影。

　ある。つまり，相互に交流したり意見交換を重ねたりしないまま，同じ時期，同じ繁殖地 (フィールド) に度々多数の研究者が出入りし，同じ調査を反復することは，ペンギンに大きなストレスとなり得ることを指摘したのである。ストーンハウスは，実際，1992年の第2回IPC (オーストラリア) で，この問題を参加者全体に提起した[注11]。研究者の多くが定期的に一堂に会し，「フェイス・トゥ・フェ

イス」でざっくばらんに情報交換したり，今後の共同研究について語り合うチャンスと「場」が必要だ……そう力説したのである。これも，ペンギン学への「時代の要請」の一例だと考えられる。

ペンギン会議の開催地とその意義

　1975年以降の10年間で，IPC開催への内在的，外在的動因が出そろう。あとは，記念すべき初の開催地をどこにするかの選定が残った。

　第1〜10回のIPC年表（p.009）を見ると，第6回まではすべて南半球で開催されている。つまり，野生のペンギンの生息国，生息地周辺を選んで開かれている。設立以来19年間，IPCは野生のペンギンの生息地での開催を原則としていた。しかし，南極と一部の国々（ナミビア，ペルー，エクアドル）を除き，第5回のアルゼンチン開催までの間に，主要な生息国をほぼ回り尽くした。

　第6回は，2度目のオーストラリア開催で，会場がタスマニア島のホバートであった。これは，「南極」を強くイメージした開催地選定だった。ホバートは，オーストラリアにおける南極観測隊（南極観測船）の発進基地であり，同国の大型砕氷船オーロラ号はホバートを母港としている。ニュージーランドの南極観測隊の発進基地＝クライストチャーチ（の空港の近く）に「アンタークティク・センター（南極センター）」とよばれる博物館施設が設けられているように，ホバートにもオーストラリアの「アンタークティク・センター」がある。

　野生のペンギンがいる国，生息地に近い場所に会場が設定されてきたのには，大きな理由が二つある。第1は，まだその地を実際に訪れたことのない研究者に，直接自分の眼で生息地を観察するチャンスを提供したいということである。会議日程の前後，あるいは途中に「エクスカーション（現地見学）」の機会が準備され，希望者は，その地をフィールドとする専門家の案内と解説付きで，生息地観察ができる（図8）。特に，大学の学部・大学院の学生など，次世代の研究者の卵に，そういうチャンスを数多くしかも廉価に提供したいという狙いが企画者サイドにある。第2は，開催地でペンギン保全や救護のために実際に活動しているスタッフやボランティアなどの関係者に，会議に参加できるチャンスを提供し保証することである。この場合も，海外のペンギン生息地を訪問するだけの時間的・経済的に余裕のない人々や，若き未来のペンギン研究者たちに，最もホットな情報を第一線で活躍している著名な研究者本人から，直接聴いたり質問したりできる機会を提供することが眼目である。

第7回はアメリカ，第8回イギリスと，初めて北半球に開催地が移る。野生のペンギンがいない地である。アメリカとイギリスで開催された理由は，主に三つある。

第1に，イギリスは南半球に多くの主要な「ペンギン生息地」を保有する唯一の北半球の国だということである。一部に他国と領有権問題を抱えている地域はあるが，トリスタン・ダ・クーニャ，サウスジョージア，フォークランドなど，亜南極に点在するイギリス領の島々には多くのペンギンがいる。ワシントン条約的見地からは，「ペンギン生産国」ということになる。フランスも同じく，南半球にいくつかの「ペンギン生産地」（クロゼ，ケルゲレンなど）を領有するが，イギリスほどの規模ではない。イギリスとフランスのこの特別な状況は，17〜19世紀に繰り広げられたいわゆる「第二次英仏百年戦争」の結果，南半球の高緯度海域において，両国が積極的世界戦略を展開した結果である。この点において，イギリス・フランス両国は他の欧米諸国や日本の追随を許さない。

これが第2の理由につながるが，イギリスは伝統的に数多くのペンギン研究者を排出してきた（ストーンハウスが好例）し，現在もアメリカと並んで，現有研究者数は，他国に比べ群を抜いて多い。イギリスは，英国南極局，ケンブリッジ大学，ブリストル大学，ブラッドフォード大学など，一方アメリカは，ワシントン大学（ボースマの拠点）などに専門の極地あるいは南極研究機関が常設され，多くの研究者が活発に論文を発表している。

第3の理由は，飼育下個体群の豊富さ，動物園や水族館など飼育施設の多さと，研究・保全・教育活動の充実ならびに実績の豊かさである。そもそも，世界で初めて生きているペンギンの飼育に成功したのは，ロンドン動物園である。1865年3月27日，フォークランド諸島でクリッパー型軍艦ハリアー号に積み込まれた12羽のキングペンギンの内，1羽だけが生き残り，ロンドン動物園に運び込まれた。この個体は同年5月23日に死んでしまうが，2年後の1867年には南アフリカからケープペンギンが，1871年には南米からフンボルトペンギンがロンド

ン動物園に到着し，同園は一躍，「北半球のペンギン・センター」となる^{注12)}。

　第7回開催地としてアメリカ（ボストン）が選ばれたのも，ほぼ同じ理由である。ただし，アメリカはイギリスのように南半球に「ペンギン生息地」は領有していない。その代わり，マクマード基地のように南極に巨大な観測基地を有し，莫大な費用と豊富な人材を投入して南極研究をリードしてきた。これまでに知られているペンギン研究者の数と実績は，おそらく世界一だろう。しかも，アメリカにはイギリス以上のペンギン飼育施設と飼育下個体群があり（詳細は別項付表参照），ペンギン生息国政府や現地NGO，現地研究者と国際協定を締結しての共同研究，支援活動の実績も非常に多い。

　第9回IPCの開催地として，再び南アフリカが選ばれた。1996年の第3回IPC以降も，ケープペンギンの急激な減少に歯止めがかからない危機的状況が続いていたという特別な事情があるからである。2000年に20万羽いたケープペンギンは，2010年には5万5千羽に減ってしまった。2018年時点では，さらに5万羽となっている。1900年には400万羽，1940年代には150万羽いたと推計されていることを考慮すると，このままいけば，2050年までにケープペンギンが野生地のアフリカ南部で生き残れる可能性は極めて低いといわざるを得ない。急遽，南アフリカのケープタウンでの2度目の開催となった理由である。

　そして，2019年8月の第10回IPCは，第1回IPCと同じニュージーランドのオタゴ大学で再び開催された。その理由は以下のとおりである。

　ニュージーランドは，南極とならび，あらゆる研究者＝「Penguin People」にとって「憧れの地」である。特に，1975〜85年にかけて，ペンギン研究に新しい可能性が芽生え，世界の耳目を集め始めた時，ペンギン学をリードしていた専門家たちの，この国，この場に対する敬愛の念は，その頂点に達していたといえるだろう。ニュージーランドにはリッチデイルという偉大な先人がいたこと。しかし，リッチデイルが愛したキガシラペンギンはまさに絶滅の危機に瀕し，この国では種の保全の象徴となっていた（ニュージーランドの5ドル紙幣にはキガシラペンギンが描かれている）。しかし，ケープペンギンやフンボルトペンギンが減少していることは比較的知られていたものの，キガシラペンギンの危機はおろか，ニュージーランドにそういうペンギンがいるという事実そのものが，日本を含め世界ではまだほとんど知られていなかった。キガシラペンギンの危機を，世界に発信する緊急性があったのである。ニュージーランドにはオタゴ大学という著名なペンギン学の拠点があった。また，11種もの多様なペンギンたちが生息して

いる。これらの特徴を上回る国や地域は，世界中どこにもない。

飼育下個体群の保全の重要性

　今や，何種かの野生ペンギン個体群は，数千～数万のオーダーまで減少している[注13]。飼育下個体群が種の保全に果たすべき役割は，ますます高まっていると考えざるを得ない。しかし，残念なことに，現在もなお，飼育下の個体群が野生個体群の保全や救護に果たすべき役割はないと考える人々が数多くいる。

　別項で詳述したのでここでの重複は避けるが，さまざまな否定的見解はあるものの，飼育下個体群，つまり動物園・水族館などで飼育・展示されているペンギンたちの存在意義は，日々高まっているといってよい。それは，教育活動という狭い領域だけに限定されてはいない。遺伝子プールとしての意義，実用的な救護施設，一時的収用・繁殖施設としての実践例という考え方，病理・生理など獣医学的知見や技術革新を得る場としての意義について，私たちはもっと再評価のメスを入れるべきである。IPC参加者の多くは，「絶滅に瀕した野生のペンギンを傍観していてよい」という共通認識を持ち合わせてはいない。だからこそ，この学会に参加できる機会をすべての人に公開しているし，第1～10回IPCの口頭およびポスター発表の要旨集（アブストラクト）を，すべてWeb上で公開している[注14]。この基本姿勢は今後も普遍だと信じている。このことはまた，研究者のスムーズな世代交代を可能にし，研究者間により効果的，革新的かつ意欲的なディスカッションと共同研究模索の場を提供することをも可能にしているのである。

第10回IPCでの注目情報

　最後に，第10回IPCで公表された多くの知見の中から，特に注目したい発表を二つご紹介する。

⑴　ペンギンが水中で鳴いている

　第1は，「ペンギンが水中で鳴いている」という事実についてである。

　ケネス・ショレンセン（デンマーク）とアンドレア・ティーボルトによると，ジェンツーペンギンは水中で鳴き声を発しているという[注15]。口頭発表では，野生のジェンツーペンギンに装着されたビデオロガーに，海中で「キュッ，キュッ」と短く鳴くペンギンの声が録音されていた。その動画と音声が巨大なオタゴ大学の大講堂のスクリーンに投影された時，聴衆全員が座席から身を乗り出し，一瞬ど

よめいた。ペンギン研究者のこれまでの「常識」あるいは「思い込み」をみごとに覆す，意表をつく発表だった。

　これまで陸上または海上（水面上），つまり空気中でのヴォーカル・コミュニケーションについては，詳細な研究が蓄積されてきた。しかし，海中（水中）でもペンギンが鳴いているかもしれないと考える研究者はいなかった。バイオロギングでペンギンに装着するデータロガー（超小型記録計）は，極限まで小型・軽量化される。したがって，余分な機能＝調査・収集したいデータ以外の情報を収集する機能は，初めから省かれることが多く，録音機能がロガーに付加されること自体が少なかった。ショレンセンらが，ジェンツーペンギンやキングペンギンに装着したビデオロガーには，最初から意図的に録音機能がつけられていたのだという。彼らは，ペンギンが海面上に浮上した時の鳴き声を録音しようと考えていたからである。狙いどおり，海面上のコンタクトコール（別のペンギンの存在や位置を確認するための短い鳴き声）も録音されていた。しかし，まったく想定外の「海中の声」も拾ったのである。

　この事実を受け，デンマーク，オランダ，ドイツ国内にある５ヵ所の動物園・水族館では，飼育しているジェンツーペンギン，フンボルトペンギン，キングペンギンについて，水中での聴力に関する共同研究が進行中だという。ペンギンプール（水深２～４メートル）の水面下部分の壁にスピーカーを取り付け，さまざまな周波数の音を適切な音量で流して，ペンギンの反応を分析しているそうである[注16]。

　ケネス・ショレンセンによれば，現在知られている12,000種ほどの鳥類の内，820種ほどが水中に潜るが，その内，水中での聴力について研究されているのはわずか２種だけで，ペンギンの水中聴力に関する研究は皆無だという。野生地，飼育下を結び，さらに最新の機器を駆使した共同研究から何が見えてくるのか。ペンギンの能力に関する新たな発見があるかもしれない。

(2)　ペンギンで鳥インフルエンザが発症

　二つ目の情報は，ペンギンにも「H5N8型鳥インフルエンザ」の発症事例・大量死亡事例が確認されたことである。これは警戒すべき話題である。

　報告者は，デイヴィッド・G・ロバーツ。南アフリカの救護NGO＝「南アフリカ沿岸鳥類保護財団（SANCCOB）」[注17]でただ一人の獣医師スタッフとして活動している。デイヴィッドによれば，2017年6月～2018年8月にかけて，ナミビア～南アフリカ西岸にいたる海岸で大量死した複数種の海鳥の死体から，鳥イ

ンフルエンザウイルスが検出されたという。カツオドリ：5,000羽以上，アジサシ：1,500羽以上，ケープペンギン：100羽以上の死因は，H5N8型インフルエンザウイルスによるものと断定された[注18]。

　この事実は四つの意味を持つ。第1は，ナミビア〜南アフリカでこれらの鳥に出会ったり接近したりする可能性が高い現地住民に，正確な最新情報を提供して，厳重な注意を緊急に促す必要があること。これは，この地を訪れる旅行者や観光客にもあてはまる。第2は，すでに絶滅の危機に瀕しているケープペンギンに新たな絶滅を加速するリスクが加わったことを十分意識して，今後の研究・保全活動を計画・推進する必要があること。第3に，これらの鳥の研究・保全・救護にあたる人々に，正確かつ最新の情報をできるだけ早く提供し，厳重な警戒を喚起すること。最後に，これらの鳥の「渡りと滞留の地域やルート」をこれまで以上に正確に把握し，最新の情報を関係地域や関係機関に周知・共有していくことである。

　新型インフルエンザの脅威は，人畜共通感染症の中でも，地球規模での感染拡大と被害急増が懸念されている重要な問題であり，次の世紀に向けての人類的課題でもある。これまで，ペンギンでは「キャリア」の報告はあったものの，「発症・死亡事例」の報告はなく，その実例が出ることが心配されてきた。ペンギンにも大量死亡事例が報告されたことで，今後は，感染症についてもペンギンをしっかりモニターしていかねばならない事態になったといえる。

＊　　　＊　　　＊

　次回の第11回IPCは2022年8月，チリのビーニャ・デル・マールで開かれる。次々回の第12回IPCは2025年，オーストラリアで開催されることが決まっている。3年ごとの開催という原則が堅持される。本書を読み，IPCから見た「現代ペンギン学史」を読んで下さった方々の中から，積極的に「ペンギン学の流れ」に身を投じて下さる方が，一人でも多く出てこられることを，心から願う次第である。

［文 献］

注1）　PENGUIN BIOLOGY（Ed. Lloyd Davis and John T. Darby）pp.5–6（ACADEMIC PRESS, INC., 1990）.

注2）　前掲書PENGUIN BIOLOGY pp.1–2

注3）　前掲書PENGUIN BIOLOGY pp.2–4

注4）　Antarctic Penguins（G. Murray Levick）（Heineman, London, 1914）.

注5）　Natural history of the Adelie penguin. In ''British Antarctic（'Terra Nova'）Expedition, 1910, Natural history Report.'', pp.55–84（G. Murray Levick）（Zoology Ⅰ(2), 1915）.

注6）　1978 International Zoo Yearbook volume 18(ed. P. J. S. Olney)（Zoological Society of London, 1978）.

注7）　バイオロギング「ペンギン目線」の動物行動学（内藤靖彦, 佐藤克文, 高橋晃周, 渡辺佑基・共著）極地研ライブラリー（成山堂書店, 2012）.

注8）　前掲書PENGUIN BIOLOGY Preface pp.xix

注9）　たとえばPocket Guid to the World(1985), Living at the Poles(1987)など

注10）　詳細については以下の専用サイト参照〈http://www.globalpenguinsociety.org〉

注11）　The Penguins Ecology and Management（ed. Peter Dann, Ian Norman and Pauline Reilly）pp.420–439（Surrey Beauty & Sons Pty Limited, 1995）.

注12）　ペンギンは歴史にもクチバシをはさむ（上田一生）pp.172（岩波書店, 2006）.

注13）　詳細な最新データについてはIUCNの『ペンギン・レッドリスト』が掲載(2016年以降, 逐次最新情報に更新中)されているBirdlife Internationalのホームページ〈http://www.birdlife.org/〉参照。

注14）　詳細については10th International Penguin Conference Abststract Bookで検索するとすべての口頭発表とポスター発表の要旨が閲覧できる。

注15）　詳細についての問い合わせは, ケネス・ショレンセンが所属する南デンマーク大学生物学部にコンタクトのこと。Department of Biology, University of Southern Denmark, Campusvej 55, 5230 Odense M,Denmark

注16）　ショレンセンの口頭発表によれば, 現在は, ジェンツーペンギン, キングペンギン , ケープペンギンの3種について水中での鳴き声を比較しているが, ジェンツーペンギンが最も頻繁に鳴くという。たとえば, 餌生物を捕食した203回の内, 43回で鳴き声を録音したという。

注17）　SANCCOBは, 1950年代末から南アフリカのケープタウン周辺を中心に海鳥の救護活動を開始したNGOとして知られている。

注18）　デイヴィッドによれば, ナミビアのハリファクス島でも, 2017年12月1〜24日にかけて500羽以上のケープペンギンの死体が発見され, ほかにも多くの海鳥が死亡したという。インフルエンザに関する確認はしなかったが, 海鳥の死体はすべて焼却処分された。なお, ケープタウン周辺では, 2019年1月にも, ケープペンギンを含む不審な海鳥の大量死が発生して, 同様の措置がとられた。

長崎ペンギン水族館で
日本最多 **9** 種類のペンギンに会う

水深4mのプールを水中飛行するペンギンたち。

日本で飼育されているペンギンは，9種類。これを1個所で一度に見られるのが，長崎ペンギン水族館である。他の水族館では，ペンギンは愛嬌を振り撒く人気者の主役だが，ここでは大型のキングペンギンから最小のコガタペンギンまで9種類をゆっくり比較して見ることができる。また，「①橘湾を仕切った人工海浜で泳ぎ上陸するフンボルトペンギンの行動を「柵等に遮られることなく」間近に観察できる，②豊富な研究・飼育実績を内外に広く公開している」（同館の設計をプロデュースしたペンギン会議の上田一生氏）のも特徴といえる。JR長崎駅からバスで30分。ペンギンを堪能するなら同館まで足を伸ばされてはどうだろうか。（本誌）
［文／写真 ● 楠田 幸雄（長崎ペンギン水族館 館長）］

水深４ｍの亜南極ペンギンプールでのイベント「ペンギンとダイバーの
ふれあいランチタイム」ダイバーから水中で餌をもらうペンギンたち。

1. 飼育施設

長崎ペンギン水族館はペンギンに特化した施設で，館内に入ると亜南極ペンギンプールで素晴らしい水中能力が見られ，吹抜けの2階からはプールと飼育室のペンギンたちを一同に観察できることが特長だ。本館の中央域は，フンボルト属3種の生息地へ観客が訪れるイメージの施設である。また，人馴れしているペンギンたちを間近でじっくりと見ることができるのも大きな魅力である。

亜南極ペンギン室では，寒い地方に生息するキングペンギン，ジェンツーペンギン，ヒゲペンギン，マカロニペンギン，イワトビペンギンの5種が見られる。

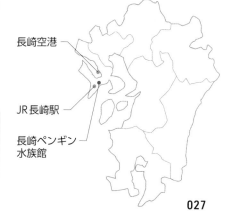

長崎空港

JR長崎駅

長崎ペンギン
水族館

「長崎ペンギン水族館」プロフィール
開　館：2001年4月22日
住　所：〒851-0121 長崎県長崎市宿町3番地16
ＵＲＬ：http://penguin-aqua.jp/

気持ち良さそうにプールで泳ぐ，南米産のマゼランペンギン

自然の海でペンギンが泳ぐ「ふれあいペンギンビーチ」は，特定非営利活動法人・市民ＺＯＯネットワークの「エンリッチメント大賞2013」を受賞した。

ペンギン水族館が位置する東長崎地域は，自然に恵まれ山々の緑と海の青さが輝いている。（左側：水族館本館，右側：海浜部とふれあいペンギンビーチ）©google earth

本館周辺には，自然体験ゾーンのビオトープがあり，海浜部ではカヤック体験ができる，体験型の水族館である。

2. ペンギン図鑑

長崎ペンギン水族館は，日本で最も多い9種類のペンギンを飼育している。体の大きさ，体色，動作や鳴き声など，種による違いを比較できるのが同館の最大の特徴である。

エンペラーペンギン属

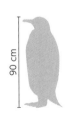

キングペンギン King penguin
Aptenodytes patagonicus
体長：90 cm
体重：約10〜16 kg

くちばしが長く下くちばしはオレンジ色ないし赤いピンク色。首から胸元にかけて黄色い羽毛。

90 cm

コガタペンギン属

コガタペンギン Little Penguin
Eudyptula minor
体長：約35 cm
体重：約1 kg

35 cm

世界で一番小さなペンギン。夜行性で，オーストラリアからニュージーランドに生息する。

マカロニペンギン属

イワトビペンギン Rockhopper Penguin
Eudyptes chrysocome
体長：約50 cm
体重：約2.2～3.1 kg

岩場を両足をそろえてピョンピョ
ンと移動する。頭の上に飾り羽が
あり，黄色い眉がある。

50 cm

マカロニペンギン Macaroni Penguin
Eudyptes chrysolophus
体長：60 cm
体重：約4.0～5.3 kg

上くちばしの付け根近くから頭の上
まで黄色い飾り羽があるくちばしの
横にはピンクの縁取りがある。

60 cm

アデリーペンギン属

ジェンツーペンギン Gentoo penguin
Pygoscelis papua
体長：約70 cm
体重：約4.8〜5.7 kg

目の上から頭にかけて白い羽がある。目の周りに白い縁取りがある。

ヒゲペンギン Chinstrap Penguin
Pygoscelis antarctica
体長：約70cm
体重：約3.7〜5.0kg

あごから耳の後方までくっきりとした黒ラインが特徴。足がピンク色で尾羽が長い。

フンボルトペンギン属

ケープペンギン African Penguin
Spheniscus demersus

体長：約60 cm
体重：約2.9〜3.5 kg

白い胸の羽が純白で，南アフリカ
に生息。

マゼランペンギン Magellanic Penguin
Spheniscus magellanicus

体長：約65 cm
体重：約3.8〜4.9 kg

首から胸にかけた部分に黒い2本の
線。警戒心が強くおとなしい性格。

フンボルトペンギン Humboldt penguin
Spheniscus humboldti

体長：60 cm
体重：約4.2〜4.9 kg

胸に黒い帯が1本。お腹に黒い斑点
が散らばっている。

3. ペンギンの求愛行動

ペンギンのオス・メスは羽の色も同色で，外観的な判別は難しいが，よく観察するとオスの方がメスより体や嘴がわずかに大きいことで見分けられる。求愛行動にはさまざまなパターンがあるが，まずはオスが自己アピールする鳴き声から始まって，メスを誘う。ペンギンは一夫一婦制で，外敵がいない飼育下ではペアの絆は長く続く。

ジェンツーペンギンが体を寄せ合ってのスキンシップ (右：オス)。

フンボルトペンギンの相互ディスプレイ，高らかに鳴いてペア形成を深める (右：オス)。

ジェンツーペンギンの巣作り，オスが小石をくわえてメスのところへ運ぶ（右：メス）。

フンボルトペンギンの相互羽づくろい，ペアの絆を強める（右：メス）。

キングペンギンのおじぎ行動，産卵前などに位置の特定などでも観察される（右：オス）。

フンボルトペンギンは夕方になると巣に戻り腹這い姿勢で連れ添って寝る（右：メス）。

4. ペンギンの繁殖

亜南極のペンギンの繁殖は難しい。年1回の繁殖期にキングペンギンの産卵数は1個，他の種類は2個産卵するが，無精卵が多く，抱卵中の破卵もある。一方，温帯域のフンボルト属は繁殖期も長く，1年に2〜3回の産卵が可能で，順調に増加している。長崎ペンギン水族館ではこれまでに7種類の繁殖に成功し，飼育中の約180羽のうち，長崎生まれのペンギンはおよそ7割である。

キングペンギンのふ化直前の卵，中央の小穴は，卵中のヒナが嘴先端で殻を割って，約54日でふ化する。巣は作らず産卵数は1個。

キングペンギンのヒナへの口移し給餌，ヒナはお腹が空くとピィーピィーと鳴いて，親へ餌ねだりを行い半消化の餌をもらう。

キングペンギンの親子　ヒナの体は寒くないよう綿羽
と呼ばれる毛布のようなフワフワとした羽毛で覆われ，
約10ヶ月両親に餌をもらい成育する。

フンボルトペンギンの親子

コガタペンギンのヒナ　飼育下では順調に成育しているかどうかを常にチェックし，体長や体重を測定している。

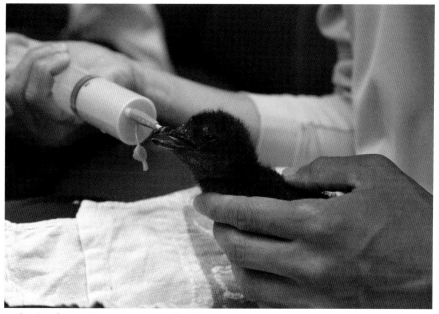

コガタペンギンのヒナ　オス・メスが口移し給餌でヒナに餌を与え育てるが，トラブル等でヒナが成育不良の際は，係員が魚の液状ミンチをチューブで与える。

5. ペンギンの行動・表情

ペンギンは集団性が強く，群れで行動する（例外種あり）。平和的な動物で，種類が違ってもトラブルもなく，ボスもいない。しかし，巣やペアのテリトリーに他のペンギンが入ると，防衛的に攻撃し，追い払う。生活リズムは早寝・早起きで，昼寝も見られる。スタッフは，1羽1羽の特徴や性格を把握している。

キングペンギンは用心深くスロープを歩いてプールに入る。

ジェンツーペンギンは行動派で素早い泳ぎが得意である。

体の大きなキングペンギンは
ゆったりと泳ぐ姿が見られる。

キングペンギンは立姿勢で，フ
リッパーに嘴を固定し寝る。

嘴内や舌には餌を飲み込むための柔軟な長い突起がある。

餌を食べた後のケープペンギンはのんびりと昼寝タイム。

ジェンツーペンギンは水中からジャンプアップし着地する。

フンボルトペンギンの換羽は年１回で約２週間かかる。

6. ペンギンの飼育とふれあい

野生からの導入が難しくなった今日，より良い飼育環境での長期飼育と繁殖が永遠の課題である。ペンギンたちの運動不足の解消，日光浴を兼ねた屋外での「ペンギンのお散歩（パレード）」は人気イベントであり，ペンギンたちの健康増進による繁殖成功などは「長崎方式」とよばれている。

キングペンギンの散歩は，旧・
長崎水族館が発祥の地である。

「ペンギンとダイバーのふれあ
いランチタイム」イベント。

ふれあいペンギンビーチでのお食事タイム。

亜南極ペンギン室では5種類を一同に見ることができる。

最少種のコガタペンギンの餌ねだりは微笑ましい。

暑さにもタフなフンボルトペンギンのお散歩。

年に１度ぐらいの積雪日はペンギンたちに故郷のプレゼント。

ペンギンが見た海の中

動物の行動の記録は行動学の基本である。昔から「行動学は双眼鏡と鉛筆があればできる」といわれてきた。しかし，双眼鏡を使っても動物が見えなければどうしようもない。直接観察できない動物の行動をどう記録するか。人間が記録できないなら動物自身に記録してもらおう。これが「バイオロギング」である。現在では記録できるチャネルの多様化と記録媒体の大容量化のおかげで，水深，温度，複数軸方向の加速度，磁気，照度，GPSによる位置情報，静止画，動画などを長期間にわたって記録できるようになっている。

[文／写真●森 貴久（帝京科学大学 教授）]

ジェンツーペンギンに装着したカメラロガーの映像。
別個体のジェンツーペンギンが写っていて，複数個
体で採餌していることがわかる。

オキアミの映像。どのくらいの密度で採餌していたかがわかる。

データロガーを装着したジェンツーペンギン。左の個体はカメラロガー，右の個体は加速度ロガーを装着している。加速度ロガーの先端にはプロペラがついていて，遊泳速度も記録する。データロガーは，一般的には装着個体の体重の5％未満の大きさに抑えるようにしている。ロガーを装着した個体には，識別のために腹部に番号を書く。

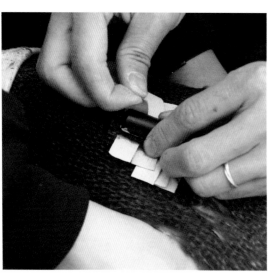

深度・温度ロガーをペンギンに装着しているところ［2014年，南極半島域のキングジョージ島，撮影：國分亙彦（国立極地研究所）］

052

データロガーを装着したヒゲペンギン。このロガーはかなり小さく，水深と水温を記録する。

ビデオロガーの例。［國分亘彦（国立極地研究所）］

フィールドワークで見たペンギンたちの今

野生のペンギンたちは，実にさまざまな表情を見せてくれる。筆者が各地で出会ったペンギンたちを紹介する。

アデリーペンギン 南極・キングジョージ島（2007年）

アデリーペンギンは，頭部と背中側が黒く腹側が白いという，ペンギンの中で最もシンプルな色彩をしている。だから目の周りの白いアイリングが目立つ。中型のペンギンだが，南極大陸で繁殖する2種しかいないペンギンの1種である（もう1種はコウテイペンギン）。平均の潜水深度は30 m程度，潜水時間はおよそ80秒だが，最大で180 mの潜水深度，6分近い潜水時間を記録している。

アデリーペンギン

*Pygoscelis*属ペンギン3種。左からヒゲペンギン，アデリーペンギン，ジェンツーペンギン。この属は長い尾羽を持つという共通点がある。

ジェンツーペンギン 南極・キングジョージ島 (2007年)

ジェンツーペンギン*Pygoscelis*属ペンギンの中では最大の種で，最も北に分布し，南極環流の北側にも分布している。アデリーペンギンのように頭部と背中側が黒く腹側が白いが，両目をつなぐ頭部の白い文様がある。中型のペンギンにしては深く潜り，平均で50 m以上で3分近くの潜水をおこない，最大では200 m超で10分以上の潜水が報告されている。

ジェンツーペンギンのクレイシ。育雛後期になると，ジェンツーペンギンの両親は，交代ではなく同時に海に採餌に出かける。残った雛は巣から離れて近くに集まる。この集団を「クレイシ」という。

ジェンツーペンギンのクレイシ。ジェンツーペンギンの雛数は通常2羽なので，ここにいる雛は赤の他人が集まっている。また，この時期になると親は雛のそばにはいないので，この成鳥はどの雛の親でもない可能性が高い。

給餌するジェンツーペンギン

採餌に行くジェンツーペンギン

ジェンツーペンギンの繁殖期は南極では夏だが，吹雪になることもある。そういうときには親は風上側に位置して，雛を吹雪から守ろうとする。

ジェンツーペンギンの育雛

ジェンツーペンギンの巣。小石を集めて積み上げて作る。この写真の巣はかなり立派である。

撮影地のキングジョージ島はかつて捕鯨基地があり，海岸にクジラの椎骨が落ちていることがあるが，ペンギンはそんなことは気にせずに巣を作る。

繁殖期後期の営巣地。ペンギンの足下の赤いものは，親が雛に吐き戻したオキアミである。

ペンギンが何をどのくらい採餌しているかを知るために，ペンギンに温水を飲ませて胃内容物を吐き出させて調査する。これは吐き出せたオキアミ。

マゼランペンギン チリ・マグダネラ島 (2007年)

マゼランペンギンは温帯域に生息する*Spheniscus*属のペンギンで，南米大陸の太平洋沿岸にも生息しているが，多くは大西洋沿岸に生息する。土に穴を掘って巣とする。英語ではBanded penguinという*Spheniscus*属ペンギンは胸の縞模様が特徴で，マゼランペンギンは2本ある。生息地の気候から日本でも飼育しやすいペンギンで，国内の動物園・水族館でも見ることができる。魚や頭足類を餌とするが，平均の潜水深度は30 mで潜水時間は1分ほどである。最大では100 mの深度と4分半の潜水時間が報告されている。

マゼランペンギンの一群
（撮影：山本誉士，撮影地：
アルゼンチン）

マゼランペンギンの巣穴

砂浜に集まるマゼランペンギン。(撮影：山本誉士，撮影地：アルゼンチン)

海辺のマゼランペンギン

この写真を撮影したマグダネラ島のマゼランペンギンの繁殖地は観光地になっていて，決められたルートからペンギンを見ることができる。

マゼランペンギンの巣穴。巣穴を利用しているとき，排泄は入り口から外に向かっておこなうので，放射状の白い線が巣穴の入り口から広がる。

ヒゲペンギン 南極・キングジョージ島 (2007年)

ヒゲペンギンは南極域の特に南極半島周辺に多く分布する。他の *Pygoscelis* 属と違い，顔は白いが目のうしろから喉にかけて細い黒い紐のような模様がある。これをあご髭に見立ててヒゲペンギンあるいはアゴヒゲペンギンという。英名は Chinstrap penguin というが，Chinstrap というのはアゴ紐のことである。平均で 50 m 近くまで潜り，潜水時間は1分半ほどだが，最大ではおよそ 180 m で3分半くらいは潜ることができる。

ヒゲペンギンと岩場の様子

交尾するヒゲペンギン

ヒゲペンギンの巣。小石を集めて巣を作る。

採餌に行くヒゲペンギン

恍惚のディスプレイ。自分の存在をアピールする誇示行動（ディスプレイ）で，多くのペンギン種で同様の姿勢で大声で鳴く行動が見られる。ペア間では相手の確認のために相互に同様の行動をおこなうことがあり，これは「相互ディスプレイ」とよばれる。

つがい間の給餌。給餌は通常は親から雛へされるもので，つがい間で給餌が観察されることは極めて珍しい。この事例では，給餌されたつがい相手はこの直後に，もらった餌を雛に吐き戻して与えた。

日本にも
ペンギンがいた？

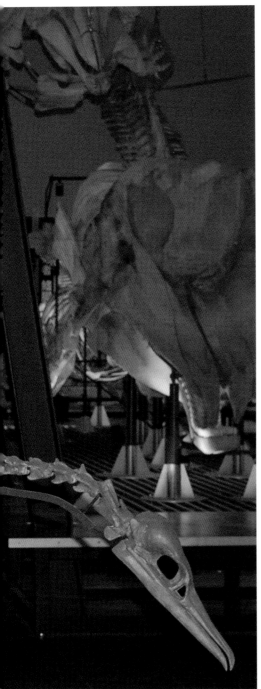

ホッカイドルニスの復元画。
(ⓒ新村龍也＆足寄動物化石博物館)

日本にもペンギンがいた？。──北海道
東南部の海岸から50 kmも内陸にある
足寄 (あしょろ) 町の足寄動物化石博物
館には, その化石が展示されている。
「ホッカイドルニス」という大型のペン
ギン様鳥類である。
足寄町からは,「足寄動物群」とよばれ
る約2,500万年前のユニークな海の哺
乳類の化石が発見されている。日本を代
表する哺乳類化石であるデスモスチルス
の仲間アショロアや, 原始的なハクジラ・
ヒゲクジラなどだ。同博物館には,
1976年に発見されたアショロアをはじ
め,「海に帰った動物たち」が数多く収蔵・
展示されている。特にクジラの化石は数
多く発見されており, ハクジラは13標
本, ヒゲクジラは9標本が発見されてい
る。ホッカイドルニスを絶滅に追いやっ
たかもしれない海の哺乳類。ペンギンや
ペンギンモドキの進化に思いを馳せなが
らの化石の旅もお薦めだ。(本誌)

クジラの骨格を背景に「泳ぐ」ホッカイドルニス
の復元骨格。(足寄動物化石博物館所蔵)

プロトプテルム類（ペンギンモドキ）は，およそ3,700万年前から1,400万年前にかけて北太平洋で栄えたペンギン様鳥類で，日本や北米大陸から多くの化石が発見されている。カツオドリやウミウに近縁だが，ペンギンと同様に空を飛ぶ力を失い，水中を「飛ぶ」ように泳いでいたと考えられている。海への進出はペンギンよりもずいぶんと後だが，やはり大型化し，最大のものはジャイアントペンギンに匹敵するサイズだった。北海道網走市で発見されたホッカイドルニス（足寄動物化石博物館所蔵）は，北海道では唯一の，また国内では最北のペンギンモドキでもある。

[文●安藤 達郎（足寄動物化石博物館　副館長・学芸員）]

ホッカイドルニスの復元骨格（左，足寄動物化石博物館所蔵）とジェンツーペンギンのシルエット。ホッカイドルニスは2番目に大きいペンギンモドキであり，推定体高（130 cm）はジェンツーペンギンの約2倍である。

足寄動物化石博物館の展示室の様子。足寄町から産出した原始的な束柱類やクジラを中心として，さまざまな「海に帰った動物たち」が展示されている。

足寄動物
化石博物館

旭川
札幌　　　釧路
帯広

「足寄動物化石博物館」プロフィール
開　館：1998年7月1日
住　所：〒0891-3727
　　　　北海道足寄郡足寄町郊南1丁目
ＵＲＬ：www.museum.ashoro.hokkaido.jp/
展示面積：629 m^2

足寄動物群の復元画。
（◎新村龍也＆足寄動物化石博物館）

ペンギン
——行動と研究最前線

鳥類でありながら，その生活範囲を「空」ではなく「海」を選んだペンギン。短い脚でヨチヨチ歩く愛らしい姿に似合わず，極寒の南極の氷原に生き，深い海に潜って活動できるだけの強靭な肉体を持つ。その生態の研究は，過酷な環境に赴く研究者によるフィールドワークとともに，各種のセンサー類をペンギンに直接背負わせて計測するバイオロギングによって進められている。また，その進化や環境適応についてのゲノム研究も進んでいる。本書では，身近でありながら謎を秘めたペンギンを多面的に解説いただく。保護・保全の現状にも触れ，その進化，生態をじっくり体験できる水族館，博物館の話題も紹介する。(本誌)

ペンギンの生物学：入門編

——ペンギンの現在・過去・未来を知るために

森 貴久
Yoshihisa Mori

帝京科学大学
生命環境学部 教授

1993年，京都大学大学院理学研究科修了。2014年より，帝京科学大学生命環境学部アニマルサイエンス学科教授。博士（理学）。専門分野は動物行動学。

ペンギンは人類が地球上に出現するよりも前に出現していて，長い歴史を経て今日に至り，そして，人間が大きな影響をおよぼす地球に今後も暮らす。本書ではペンギンの現在・過去・未来というさまざまな観点から語られるが，そもそもペンギンはどういう生きものなのだろうか。

1 はじめに

　ペンギン——この名前を聞くと，誰もが二本足で直立するよちよち歩きの可愛らしい生きものを，白い氷原や氷山とともに思い浮かべるだろう（図1）。野生個体は日本には生息していないので身近な生きものではないが，しかし誰もが知っている，そんな生きものである。どんな生きものでもそうだが，そんなペンギンも地球上に現れてからいまに至るまでの長い歴史があり，その過程で環境に適応して進化した存在である。長い歴史とそのなかでの適応の結果，ペンギンはどういう生物学的な特徴を持つようになり，それが人間との関係でどうなっていく

のか。本書ではそういった問題を意識して，ペンギンについて語っていく。ここでは基礎的な知識として，ペンギンの多様性や分布，生態などについて簡単に紹介しよう。

２ ペンギンの多様性

まず，ペンギンは鳥類である。鳥類というのは，分類体系では「鳥綱」というレベルのグループで，これと同等なレベルは「哺乳綱（類）」や「両棲綱（類）」などだ。鳥類の起源を考慮すると鳥類は爬虫類の一種に

雪に埋まるジェンツーペンギン

なるのだが，一般的には「爬虫類（綱）」と同格な位置付けをする。

「綱」という分類レベルは下位分類としていくつかの「目」から構成され，「目」はいくつかの「科」から構成される。現在のペンギンはペンギン目の鳥だが，ペンギン目にはペンギン科しかない。つまり現生ペンギンというのは「ペンギン目ペンギン科に分類される鳥のあつまり」ということになる。

「科」を構成するのは「属」である。ペンギン科を構成するのは *Aptenodytes* 属（コウテイペンギン属），*Pygoscelis* 属（アデリーペンギン属），*Spheniscus* 属（フンボルトペンギン属），*Eudyptula* 属（コガタペンギン属），*Eudyptes* 属（マカロニペンギン属），*Megadyptes*

属（キガシラペンギン属）の6属である。ペンギンは主に頭部の外見から種の識別ができるが，属もその外見の違いで識別できる。ちなみに，ペンギン目はSphenisciformes，ペンギン科はSpheniscidaeという。鳥類の目名，科名は，それに属する代表的な属名を基本にするので，ペンギン目ペンギン科を代表するのはフンボルトペンギン属（*Spheniscus*）ということになる。

　現在のペンギンはこれら6属のどこかに分類されるのだが，ペンギンは全部で何種類いるのかということになると，話が少し面倒になる。というのは，あきらかに姿形が違うのなら分類上の問題はないのだが，生息場所が違っているがある程度姿形が似ている場合に，それを同種の亜種とするのか別種とするのかは，まったくの恣意的ではないにしても，何か合意された客観的な定量的な

基準があるわけではないからである。また，遺伝子情報（ゲノム）を詳細に比較した結果，別種に相当する大きな違いがあることが後にわかることもある。したがってペンギンの「種」の数については図鑑によって違ったりするが，現在のところ国際鳥類学委員会[1]やコーネル大学のクレメンツリスト[2]ではペンギンを18種と認定している。

　この18種は，コウテイペンギン属の *A. forsteri* と *A. patagonicus*（コウテイペンギンとキングペンギン），アデリーペンギン属の *P. adeliae*, *P. antarctica*, *P. papua*（アデリーペンギン，ヒゲペンギン，ジェンツーペンギン），フンボルトペンギン属の *S. humboldti*, *S. demersus*, *S. magellanicus*, *S. mendiculus*（フンボルトペンギン，ケープペンギン，マゼランペンギン，ガラパゴスペンギン），キガシラペンギン属の *M. antipodes*（キガシラペンギン），マカロニペンギン属の *E. chrysolophus*, *E. schlegeli*, *E. chrysocome*, *E. moseleyi*, *E. pachyrhynchus*, *E. robustus*, *E. sclateri*（マカロニペンギン，ロイヤルペンギン，ミナミイワトビペンギン，キタイワトビペンギン，フィヨルドランドペンギン，スネアーズペンギン，シュレーターペンギン），コガタペンギン属の *E. minor*（コガタペンギン）となる。だが，イワトビペンギンを1種とみたり[3]，コガタペンギン属でハネジロペンギン *E. albosignata* を独立種とする分類もよくみられる。最近のゲノム解析からは，ミナミイワトビペンギンの亜種を独立した種 *E. filholi*（ヒガシイワトビペンギン）とし[4]，コガタペンギン属を *E. minor* と *E. novaehollandiae* の2種とする[5]という説も有力である。そうなるとペンギンは全部で20種類ということになる。

3 ペンギンの分布

　ペンギンは海で採餌するが陸上で繁殖するので，生息地は大陸沿岸や島嶼に限られる。ペンギンといえば南極を思い浮かべるが，実際には南極大陸から赤道直下のガラパゴス諸島まで，南半球に分布している（厳密に言えばガラパゴスペンギンが生息する島のなかには赤道よりもわずかに北に位置する島があるので，北半球にペンギンの生息地がないわけではないが）。属によって分布域がおおよそ決まっており，コウテイペンギン属とアデリーペンギン属はおもに南極環流（およそ南緯60度）以南に，マカロニペンギン属とキガシラペンギン属はおもに南極環流以北からニュージーランド南島南部（およそ南緯45度）まで，コガタペンギン属はおもにニュージーランドとオーストラリア南岸に，フンボルトペンギン属はアフリカ大陸南端や南米大陸の太平洋沿岸と大西洋沿岸に分布する。海流とペンギンの分布については本特集の安藤論文にくわしいが，いずれの生息地も，程度の差はあれ，南極前線とそこから派生した寒流の影響を受ける低い海水温の地域であり，その意味ではペンギンはやはり「寒いところ」の鳥といえる。アフリカ大陸と南米大陸におけるフンボルトペンギン属の分布が，どちらの大陸でも西海岸側のほうがより北まで広がっているのはこのためである。

　また，島嶼に生息する生物では，限定された地域でのみ生息する固有種がよくみられるが，ペンギンでもそのような種がいくつかある。とくにキガシラペンギンとマカロニペンギン属の多くのペンギンは，ニュージーランドの固有種である。だから，ペンギンといえば南極ではなく，ペンギンといえばニュージーランドなのだ。

④ 鳥類としての特徴

　ペンギンは非飛翔性鳥類だが，潜水中の推進力を発生させるのは，飛翔性鳥類の翼の「はばたき」とまったく同じ動作と原理による。すなわち，空気中と水中という違いはあるが，いずれも流体中で翼をはばたかせることによって揚力を発生させている。現生鳥類ではウやカモ，カイツブリの仲間にも非飛翔性で潜水する種がいるが，それらはいずれも，水中では足漕ぎで推進力を得ており，非飛翔性潜水種で水中を「飛ぶ」のはペンギンだけである。とはいえ，ペンギンはやはり肺呼吸動物なので，水中での行動は地上と同じようにはできない。だから，採餌のために潜水する場合，限られた酸素でできるだけ効率よく行動する必要があり，それを支える生理的基盤が必要になる。ペンギンがもつ高い潜水能力については本書の塩見論文を参照されたい。

　食性は動物食で，魚類，甲殻類，頭足類などを捕食する。同所的に複数種のペンギンが生息している場合，採餌対象種が違ったり，採餌場所や深度が違ったりする。たとえば南極半島近くのキングジョージ島にはジェンツーペンギンとヒゲペンギンが同所的に生息している繁殖地があるが，そこのジェンツーペンギンは島の沿岸でオキアミと魚を捕食し，ヒゲペンギンは島の沖合でほとんどオキアミを捕食している[6]。また，亜南極のバード島ではマカロニペンギンとジェンツーペンギンが生息しているが，マカロニペンギンは90％以上の潜水が40 m以浅でジェンツーペンギンは50％以上が40 m以深である[7]。他にも，南極・昭和基地周辺のアデリーペンギンでは，育雛期間の初期にはほとんどがオキアミを捕食していたのが，期間が進むと脂肪分の多い魚が増えてきて，後期になるとほとんどが魚になるという餌種の変化がみられる。そして，これらの違いは生態的な資源の分割や

図2
捕食者に襲われたあとの
あるアデリーペンギン

生活史上の適応など，その環境に適応した結果の違いと
みることができる。

　水中での採餌行動は素早いペンギンだが，地上での動
きはそれほどではない。ここで地上のペンギンを襲う捕
食者がいればペンギンはひとたまりもないはずだが，ペ
ンギンが非飛翔性を進化させた環境では，そのような捕
食者はいなかった。現在のペンギンの捕食者は，成鳥で
あればシャチやヒョウアザラシなどの海棲哺乳類やサメ
といった，水中に生息する大型動物である（図2）。ただ
し，繁殖期に地上にいる雛や卵はトウゾクカモメなどの
海鳥に狙われる。トウゾクカモメは2羽でペンギンの巣

図3
足の上で抱雛する
コウテイペンギン
（撮影：佐藤克文）

を襲うことが多く，1羽が親鳥の注意を惹いている間に
もう1羽が巣から雛をひきずりだすというように協力す
ることがみられる。このような捕食者は，もちろんペン
ギンにとっては負の影響を与えるのだが，長年の間に確
立した生態系の一部を構成しているので，そういう意味
ではとくに問題ではない。ところが近年になって別の捕
食者が問題になってきている。それはキツネやネコのよ
うな，本来はペンギンの生息地にいなかった人間が持ち
込んだ哺乳類だ。人間の居住域に近接したペンギンの生
息地では，雛や卵だけでなく成鳥も襲うあらたな捕食者
として大きな問題になっている。

繁殖は地上で行うが，営巣地の環境は種によってさまざまである。コウテイペンギン属は巣をつくらずに足の上で抱卵・育雛するが（図3），ほかのペンギンは巣をつくり，そこで産卵・抱卵・育雛する。巣穴を掘る種もいる（図4）。1回の繁殖での産卵数はコウテイペンギン属は1個だが，他のペンギンは通常2個産む。マカロニペンギン属では，最初に小さい卵を1個産み，その数日後に大きい卵を1個産む。しかし小さい卵は孵化しても巣立ちまで育つことは少なく，大抵の場合は途中で死亡する。餌環境などから最終的には1羽しか育てられないが，最初から1羽だけだと途中で失敗したときにやりなおしが効かないので，もう1個を保険として産んでおくのだと考えられている。このような一腹雛数の減少を前提とした産卵は，ワシやタカのような猛禽類やカツオドリやカモメ類などの海鳥のほか，多くの鳥類で知られている[8]。

　繁殖は一夫一妻で，子育ては雌雄が交代で雛に給餌す

図4
巣穴で繁殖する
マゼランペンギン
（撮影：山本誉士）

る。ただし一夫一妻でもつがい外交尾による雛がいるときがあり，アデリーペンギンでは雛の10％程度が，その巣にいる雄の子どもではないという報告がある[9]。雛がある程度成長すると，多くの種では，親は交代ではなく同時に巣を離れて採餌に行くようになる。残された雛は巣を離れ，同じ程度に成長した雛同士で集まる（図5）。この雛の集団を「クレイシ」という。親は採餌から戻るとクレイシにいる自分の雛を大声で呼び出す。そして，出て来た雛と鳴き交わして自分の子どもであることを確認してから給餌する。このとき，自分の子ども以外に給餌することはまずない。ペンギンはつがい相手についても音声で個体識別しており，給餌の交代のときにはつがい相手と音声で鳴き交わしてお辞儀をくりかえす「相互ディスプレイ」というあいさつがみられる（図6）。

図5
ジェンツーペンギンのクレイシ

灰色の綿毛につつまれているある程度成長した雛が集まっている。

　ペンギンの基礎的な生態については紙面の都合ですべ
てを挙げることはできないが，ペンギンはたしかに非飛
翔性で潜水採餌に特化している特殊なグループではある
けれども，やはり鳥類の一種である。だから他の鳥類と
同じようにペンギンも，恒温でくちばしと羽毛と翼をも
ち，卵生で子孫を増やすという制約の下，生息環境でい
かにうまく生き残って子孫を残していくか，という課題
に直面して進化してきた。このことはペンギンを理解す
るうえで重要である。

5 本書の構成

　上に述べたようにペンギンは20種類くらいいるので，すべてのペンギンについて同じように調べられてわかっているわけではない。だから，ペンギンの解説と言ってもどうしても個別の種が対象になってしまうことが多いが，本書はこのようなペンギンを対象に，その研究の最前線を解説していく。構成としてはまず，ペンギンの進化と多様性について，足寄動物化石博物館の安藤達郎氏に解説いただいた。ペンギンはいつからペンギンなのか，どこでどのような歴史を経ていまのペンギンが現れ，分布を広げていったのか。あまり知られていない，化石からひも解いたペンギンの進化は興味深い。

　ペンギンの行動については極地研究所の塩見こずえ氏が担当する。動物の行動を調べる方法に，動物自身に記録計を装着して行動を記録するバイオロギングという方法がある。ペンギンのように水中で主に活動する動物を調べる手法としてはうってつけの方法だ。塩見氏にはバイオロギングの手法で明らかになったペンギンの潜水行動について，最新の知見を紹介していただいた。肺呼吸動物としてのペンギンはどのように見事に水中生活に適応しているのだろうか。

　このようなペンギンの進化や行動，生態は，ペンギンの遺伝子と密接に関係している。ペンギンを形作り，その環境での行動を基本的にプログラムしているのはペンギンのゲノムだからである。最近の技術の進展で，生物のもつ遺伝子全部を調べて生物同士で比較できるようになっている。環境へ適応してペンギンをペンギンたらしめている遺伝的な基盤は何なのか。佐渡トキセンターの阿部秀明氏がそれを明らかにする。

　長い時間をかけて環境に適応しているペンギンだが，人間の活動やそれと関係する気候変動で，近年では短期

間に環境が激変している。このような急激な環境変化に対してペンギンはどう反応し，人間はどのようにペンギンに関与しているのか。これは今後のペンギンについて理解するための重要なポイントである。本書では，ペンギンの保護の現状についてペンギン会議の上田一生氏に，気候変動がペンギンの生態に与えている影響について極地研究所の國分互彦氏にそれぞれ解説していただき，問題の理解と解決への努力を考える。

以上のように本書では，「環境への適応」を通底するキーワードとしてさまざまな観点からペンギンについて理解していく。

[文 献]

1)　IOC World Bird List 8.2 doi 10.14344/IOC.ML.8.2

2)　The eBird/Clements checklist of birds of the world: v2018. http://www.birds.cornell.edu/clementschecklist/download/

3)　デイビッド・サロモン. ペンギン・ペディア (河出書房新社, 2013).

4)　Banks, J., Van Buren, A., Cherel, Y. & Whitfield, J. B. *Polar Biol* **30**, 61 (2006). doi /10.1007/s00300-006-0160-3

5)　Banks, J. C., Mitchell, A. D., Waas, J. R. & Paterson, A. M. *Notornis* **49**, 29–38 (2002).

6)　Kokubun, N., Takahashi, A., Mori, Y., Shin, H. C. & Watanabe, S. *Marine Biology* **157**, 811–825 (2010).

7)　Mori, Y. & Boyd, I. L. *Marine Ecology Progress Series* **275**, 241–249 (2004).

8)　フランク・B・ギル. 鳥類学 (新樹社, 2009).

9)　Pilastro, A., Pezzo, F., Olmastroni, S., Callegarin, C., Corsolini, S. & Focardi, S. *Ibis* **143**, 681–684 (2001).

① ペンギンの進化と多様性
——明らかになりつつあるペンギン進化の全体像

安藤 達郎
Tatsuro Ando

足寄動物化石博物館 副館長

北海道大学大学院理学研究科修士課程修了後，ニュージーランドオタゴ大学 (University of Otago, New Zealand) にて Ph.D. (Geology) 取得。2008年より現職。専門分野は，古生物学・古脊椎動物学 (特にペンギン様鳥類)。主な著書に，Living Dinosaurs (分担執筆，Wiley-Blackwell, 2011)，化石ウォーキングガイド全国版 (分担執筆，丸善出版，2016)。

ペンギンのダイナミックな進化が明らかになりつつある。保存状態の良い化石の発見と分析手法などの進歩により，ここ20年間でペンギンの進化に関する知見は急速に広がった。現在私たちが目にしているペンギンは，ペンギンの全体像のほんの一部にすぎない。

① ペンギンの誕生

　地上の覇者であった恐竜 (**非鳥類型恐竜**)* は，**白亜紀末の大量絶滅*** によって姿を消し，恐竜から生まれた鳥は空の世界を謳歌している。現生鳥類の系統からはペンギンが出現し，南半球の海での繁栄を享受している。ペンギンはいつ，どこで生まれ，どのように今のペンギンとなったのだろうか。

　ペンギンの進化史はどんなに短く見積もっても6,000万年を超える。最古のペンギン化石はニュージーランドの6,160万年前の地層 (新生代暁新世) から発見されたワイマヌペンギン (*Waimanu* spp.)[1] だが，すでに空を飛べず，翼で水中を推進する鳥であった。ペンギンと同

用語解説

【非鳥類型恐竜】
「恐竜」のうち，鳥類ではない恐竜を「非鳥類型恐竜」とよぶ。鳥類とは系統的には恐竜そのものであり，羽毛を持った獣脚類のなかで飛翔能力を持つグループである。

図1

**最古のペンギンである
ワイマヌペンギンの
復元画**

クチバシはまっすぐで，翼は
折りたたむことができた。カ
カトの骨（足根中足骨）は細
長い。

©Geology Museum, University of Otago

【白亜紀末の大量絶滅】
中生代白亜紀の末期に，
メキシコのユカタン半
島に巨大な小惑星が衝
突し，「衝突の冬」と
よばれる短期的な気候
変動により，恐竜・ア
ンモナイトなど，生物
種の70%が絶滅した
とされる。

【ペンギン様鳥類】
ペンギンと同様に，空
を飛ぶことをやめ翼で
泳ぐ鳥は，鳥類の系統
の中で4回出現してい
る。南半球のペンギン，
北半球のプロトプテル
ム類（ペンギンモド
キ），ルーカスウミガ
ラス類，オオウミガラ
ス類である。

じような『**ペンギン様鳥類**』[*]は，鳥類の系統の中で4回出現しているが，ペンギンは最も早く出現し，かつ，唯一生き残っているグループである。

　ペンギン（ペンギン目）に最も近縁な現生鳥類は，ミズナギドリ目の鳥である。ペンギンの**類縁関係**[*]に関しては，さまざまな仮説が提出されてきたが，2014年の現生鳥類のゲノム分析の結果[2)]，決着がついたといってよいだろう。

　最古の現生鳥類の化石は白亜紀後期の地層から発見されており，ペンギンの系統も遅くとも白亜紀末までには出現していた可能性が高い。ペンギンの系統的な位置や初期のペンギン化石の形態は，ペンギンが空を飛ぶ鳥か

ら進化したことを示している。鳥のペンギン化は，三段
階のプロセスからなると考えられており[3]，まず，鳥の
中で海という環境に依存する「海鳥」が出現する（第一
段階）。次に，より有利にエサを取るために翼を使って
潜水するようになる（第二段階）。最後に空を飛ぶ力を
失い（無飛翔化），翼を水中での推進力を得るためだけ
に使うようになる（第三段階）。私たちが知っているペ
ンギンへの変化（ペンギン化）は，第二段階から第三段
階への変化である。

② ペンギン化の「いつ」と「どこ」

ペンギン化の厳密なタイミングを知るには，今後の化
石の発見を待たなければならないが，第二段階から第三
段階への変化の有力な候補となるのは，当時の海洋生態
系の頂点にいた大型の海生爬虫類や大型のサメ類が姿を
消した白亜紀末の大量絶滅の時期である[4]。海中におけ
る捕食者や競争相手がいなくなると，空を飛んで逃げる
必要がなくなるため，海鳥は翼の特殊化や体の大型化な
ど，潜水に有利な形質を進化させることができる。捕食
者や競争相手がいなくなったことで，コストとベネ
フィットのバランスが，無飛翔化の方向に傾いたと考え
られる。

ペンギンの化石の産出地は，現生ペンギンの分布域と
重複しており，南半球の主な陸塊から見つかっている。
最初期のペンギン化石はニュージーランドから産出して
おり，南極半島のシーモア島の化石がそれに次ぐ。両地
域は，かつて南半球に存在した超大陸ゴンドワナの一部
であり，新生代の初期には，ゴンドワナ大陸はすでに分
裂を開始していたが，ニュージーランドと南極半島の距
離は現在よりも近く，ゴンドワナ大陸の太平洋側に位置

用語解説

【類縁関係】
生物の類縁関係は，系
統解析によって得られ
る。現生の生物では遺
伝子の DNA 配列の
一致度などから得られ
る分子系統解析，化石
では派生した形質の共
有関係を解析する分岐
分類が一般的である。

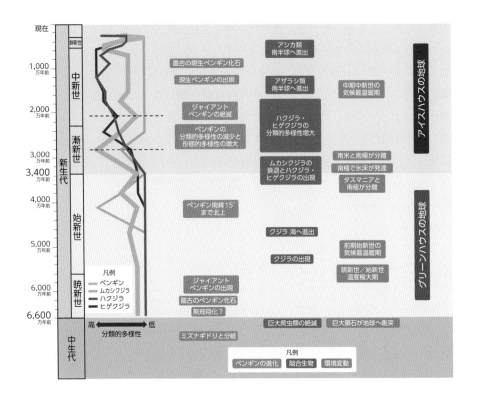

図2
新生代におけるペンギンの進化と，物理的・生物的な環境の変動

左端はペンギンとクジラの分類的多様性の変化。

していた。ペンギンの起源となった海はこの海であり，おそらくニュージーランドがその中心だったのだろう。

　最初期のペンギンは優れた潜水者だったと考えられるが，現生のペンギンと比較すると，翼を振り上げる筋肉が弱く，板状のフリッパーとしての翼の完成度も低いため，長距離遊泳は得意ではなかったと考えられる。足の骨（足根中足骨）も水かきで推進力を得る海鳥としての特徴を残しており，岩山をよじ登るような芸当ができたかどうかは疑わしい。海においても陸においても移動範囲は現在のペンギンよりも小さい鳥だったのだろう。哺乳類もまだ海に姿を現していない時代であり，捕食者や競争相手との関係においては穏やかな時代だったといえる。

❸ ジャイアントペンギンの時代

　空を飛ぶ力を失って以降ペンギンは大型化する。生物の大型化は広く見られる傾向だが（**コープの法則**）*，潜水する動物にとっても大型化によって酸素消費や体温調整の効率が良くなるため，大型化の傾向が見られる。現生のコウテイペンギンよりも大きな化石ペンギンを慣用的に「ジャイアントペンギン」とよぶが，最大のジャイアントペンギンは，南極半島のシーモア島の始新世の地層から発見されたクレコウスキペンギン（*Palaeeudyptes klekowskii*）[5]で，体高170 cm，体長2 m，体重100 kg以上と推定されている。ほぼ匹敵するサイズだと思われるのが，ニュージーランドの暁新世の地層から発見されたクミマヌペンギン（*Kumimanu biceae*）[6]である。2010年代におけるこれらのペンギンの発見により，ペンギンの大型化のペースと最大サイズは大きく見直しを迫られることになった。

　それまでに知られていた最大のペンギンは始新世末（3,400万年前）の地層から発見されたもので，ペンギンはその誕生から始新世末に向けてゆっくり大型化していったと解釈されていた。しかしこれらの発見から，ペンギンは急速に（といっても数百万年かけてだが）大型化し，最大サイズに達したことが明らかになった。空を飛べ，海を潜れる第二段階の海鳥の最大サイズは約2 kgと考えられるので[7]，ペンギンは体重ベースで数十倍の大型化を成し遂げたことになる。しかし，最大サイズに達した以降，さらなる大型化をしなかったことは，体サイズの上限に関する制約の存在を示唆する。おそらくは陸上での繁殖や水中・陸上での移動に関する物理的な制約がペンギンの体サイズの上限に関わっているのだろう。

　ジャイアントペンギンの時代はおよそ4,000万年もの間続いた。近年におけるさまざまなジャイアントペンギ

用語解説

【コープの法則】
動物は同じ系統の中では次第に大型化する傾向があることを示したもの。19世紀の著名な古生物学者エドワード・コープによって提唱された。

図3
**さまざまなジャイアント
ペンギンたち**

細長いクチバシを持っていた
イカディプテス（上）と，赤と
灰色の体色だったインカヤク。

ンの発見は，単純に人間サイズの巨大なペンギンがいた，
という驚きだけでなく，過去における多彩なペンギンの
世界について教えてくれる。ジャイアントペンギンの時
代といっても小型や中型のペンギンがいなかったわけで
はないが，ペンギンが生態系の中で占める位置が現在と
は明らかに異なっていたのだろう。

　イカディプテス（*Icadyptes salasi*）[8]のクチバシは
真っ直ぐで細長く，大きなエサ生物を捕らえていたこと
を示している。ヘビウのように魚をクチバシで突き刺し
て捕らえていた可能性も示唆されている。インカヤク
（*Inkayaku paracasensis*）[9]には，羽毛の色素胞の痕跡
が保存されており，体色のパターンが灰色と赤茶色で

あったことが明らかになった。水生生物は，**カウンター**
シェーディング[*]のために，黒白の体色パターンを持つ
ものが多いが，一部の化石ペンギンの色は現在のペンギ
ンとは異なっていたのである。

　また，2,500万年前のニュージーランドのカイルク
(*Kairuku* spp.)は，飛翔筋が付着する骨格のバランス
が現生のペンギンたちとは異なっており，泳ぎ方や潜り
方のパターンに違いがあった可能性を示している。

4 海洋環境の変動と ジャイアントペンギンの絶滅

　ジャイアントペンギンの時代には，海洋環境に大きな
変化が起こっている。暁新世の終わり（5,500万年前）
には，暁新世／始新世温度極大期を含む温暖化が始まっ
た。温暖化は，哺乳類の適応放散を促進し，クジラが海
に進出するきっかけとなった。ムカシクジラ（古鯨類）
は5,300万年前に出現し，ジャイアントペンギンをはる
かに超える大型化を果たし，南半球にも分布を広げ，「海
の王者」となった。

　漸新世の末期（3,400万年前）には，南極大陸の物理
的かつ熱的な孤立によって引き起こされた寒冷化が起こ
り，地球は温暖な「グリーンハウス」から寒冷な「アイ
スハウス」となり，当時の海の姿を一変させた。この変
化で赤道と極域の温度勾配が大きくなり，現在につなが
る形の「**深層大循環**」[*]が始まったと考えられている。こ
の寒冷化によってムカシクジラは絶滅し，ハクジラとヒ
ゲクジラという新しいクジラたち（新鯨類）が出現し，
急速に多様性を増加させていく。

　ムカシクジラの絶滅までは，ペンギンの多様性の変化
はクジラと同様の傾向を見せ[10)]，寒冷化ではやはりダ

用語解説

【カウンターシェー
ディング】
多くの生物で見られる，
光が当たる部分が暗い
色，光が当たらない側
が明るい色になる体色
のパターンのこと。保
護色として機能する。
現生のペンギンは泳ぐ
ときに光が当たる背中
側が黒いカウンター
シェーディングである。

【深層大循環】
海洋の循環は，表層循
環と深層循環からなる。
表層では風の力による
風成循環，深層では，
極域で冷たく塩分濃度
の高い海水が沈み込む
ことが原因で起こる深
層循環（熱塩循環とも
いう）が起こっている。

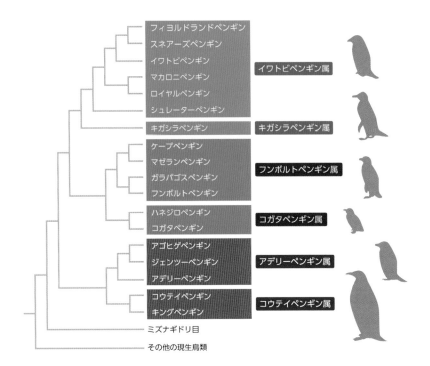

フィヨルドランドペンギン
スネアーズペンギン
イワトビペンギン
マカロニペンギン
ロイヤルペンギン
シュレーターペンギン

イワトビペンギン属

キガシラペンギン

キガシラペンギン属

ケープペンギン
マゼランペンギン
ガラパゴスペンギン
フンボルトペンギン

フンボルトペンギン属

ハネジロペンギン
コガタペンギン

コガタペンギン属

アゴヒゲペンギン
ジェンツーペンギン
アデリーペンギン

アデリーペンギン属

コウテイペンギン
キングペンギン

コウテイペンギン属

ミズナギドリ目

その他の現生鳥類

図4
現生ペンギンの系統図

Baker *et al.* (2006) および
Subramanian *et al.* (2013)
から作成。種分類はBaker
et al. (2006) に従った。

メージを受けたものの，その後回復している。しかし，クジラたちが急速に多様性を増加させると，対照的にペンギンの多様性は減少していく。とくにハクジラとは対照的な傾向を見せている。

　ペンギンの多様性の減少の理由として考えられるのは，クジラとのエサをめぐる競争である。海が大きく変化することで，エサ生物の分布，種類，大きさが変化したと考えられ，ムカシクジラは絶滅に追いやられた。ペンギンたちは環境に適応して出現した「新しい」クジラたちに対抗できず，エサをめぐる競争で不利となったと考えられる。体サイズが大きいジャイアントペンギンでこの競争はより厳しく，彼らの絶滅につながった。ジャイアントペンギンたちは環境の物理的な変化を生き延びたものの，生物的な変化には対応できなかったことになる。

　ペンギンの多様性が減少したこの時期に，形態的な多

様性は逆に増大している。特に翼の骨でこの傾向は顕著
で，肩関節を構成する上腕骨では可動域が広くなり，逆
に肘関節では可動域が狭くなり，翼のフリッパーとして
の機能が向上している。翼を使う遊泳機能とそれに伴う
生態において，モザイク的にではあるが，現在のペンギン
と共通する形態を持つペンギンが出現していたのである。

5 現生ペンギンの出現

　現生ペンギンに属する最古の化石ペンギンは，900万
年前の南アメリカの地層から発見されたミュイゾニペン
ギン（*Spheniscus muizoni*)[11]であり，遅くともこの時

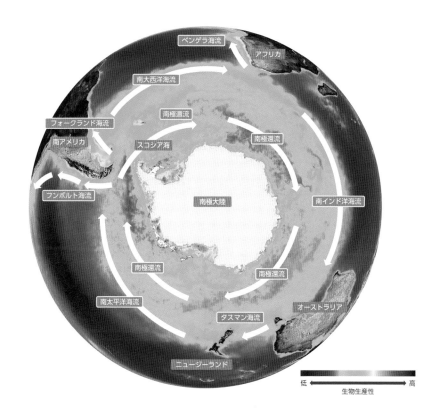

図5
人工衛星の海色セン
サーによる南半球の海
洋の基礎生物生産性を
示すマップ(https://oceancolor.
gsfc.nasa.gov/SeaWiFS/より)，お
よび現生ペンギンの分
布に重要な役割を果た
したと考えられる海流
系の簡略図

期までに現生ペンギンは出現していたことになる。一方，化石記録と分子時計の手法を組み合わせて導き出された現生ペンギンの出現時期は，1,300万年前である[12]。

　化石記録は現生ペンギンの起源を南アメリカだと示しているのだが，氷におおわれた南極大陸や，火山島が多い亜南極の島々では化石記録が残りにくいため，化石記録だけから判断するのは難しい。分子生物学による推定では，南極や亜南極に生息するペンギンの系統が早期に分岐したことを示している。

　現生ペンギンの出現と放散に深い関連があると考えられる地域は，南アメリカの南端と南極半島の間，ドレーク海峡から東側に位置するスコシア海である。ペンギンにとっての「肥沃な三日月地帯」とよばれたこともあるこの海域は，生物生産性が非常に高く，中緯度に分布するペンギンを除くすべてのペンギンのグループが生息している。現生ペンギンの分布に大きな役割を果たしたと考えられる南極環流の通り道でもある。

6 分布の拡がり

　人工衛星の**海色センサー**[*]から得られる南半球の生産性を示すマップは，当然といえば当然であるが，ペンギンが生物生産性の高い地域を選好していることを示している。一方，系統解析から得られる現生ペンギンの分岐パターンは，南半球の海流系の分布と一致を見せており，現生ペンギンは，生物生産性の高い海流系を利用して分布を拡げ，系統を分岐させたことを示している。現生ペンギンの化石記録は散発的だが，現生ペンギンの分布パターンを補完するような化石が各地から発見されている。

　現生ペンギンの分布にとってもっとも重要な海流系は，南極大陸を囲むように流れている南極環流である。彼ら

用語解説

【海色センサー】
人工衛星によるリモートセンシングの一種で，海洋表面の葉緑素の量を計測することで，基礎生産量を測定できる。画像はNASA（アメリカ航空宇宙局）のSeaWiFsプロジェクトによるもの。

は南極環流と，南極環流に接続している海流を利用して，系統を分岐させながら分布を広げていったのだろう。現生ペンギンは6属からなるが[13]，この6属はさらにコウテイ・アデリー，イワトビ・キガシラ，フンボルト・コガタの三つのグループに分けられる[14]。

　コウテイ・アデリーグループは，南極大陸に生息する種類を含むグループであり，南極域・亜南極域の島々にも進出している。南極環流を利用して，あるいは南極大陸の沿岸ぞいにその分布域を広げたのだろう。南極環流の内側では海流は西に向かって流れるので，南極大陸に生息する種類はこの流れを利用したのだろう。

　フンボルト・コガタグループのうち，フンボルトペンギン属はやペルー海流やフォークランド海流を利用して南アメリカ大陸の西側・東側に分布を拡げ，西側では遠く赤道域のガラパゴス諸島まで到達した。また，東側では南大西洋海流などに乗り，はるか東側のアフリカ大陸にも到達した。アフリカからは数度にわたるペンギンの進出と絶滅を示す化石が発見されており[15]，この「ルート」が過去にも存在していたことを示している。フンボルトペンギン属は，アフリカからさらに東側に移動し，オーストラリア大陸やニュージーランドへ到達し，コガタペンギン属を分岐させたようである。

　イワトビ・キガシラグループは南極大陸にこそ進出しなかったが，南極・亜南極の島々やニュージーランドにも分布を拡げた。基本的には南極環流を利用して東向きに分布を拡げたと考えられる。ニュージーランドには亜南極の島づたいに南極大陸からの最短ルートを取って到達したのだろう。キガシラペンギン属はこの「ルート」のどこかで，イワトビペンギン属との共通祖先から分岐したと考えられる。ニュージーランドからは，アデリーペンギン属やコウテイペンギン属，フンボルトペンギン属と近縁と考えられるペンギンの化石も発見されており，

これらの「ルート」を利用したのかもしれない。

　現生ペンギンが分布を拡げたこの時期には，アシカやアザラシなどの鰭脚類が南半球に進出している。彼らはクジラと異なり，繁殖のための陸地を必要とし，この点でペンギンと競合する。一部のペンギンが，海岸から離れた岩山や森のなかに繁殖場所を求めるのは，鰭脚類との繁殖地をめぐる競争のためだろう。

７　おわりに

　ペンギンの進化史は6,000万年を超えるが，これは人類の進化史の十倍の長さである。ペンギンはその長い進化史の中で，小惑星の衝突，海洋の循環システムの変遷，海生哺乳類の海への進出といった，文字どおり「世界が変わるような」大激変を生き延びてきた。現在のペンギンの繁栄を支えているのは，効率の良い遊泳を可能にする翼，寒冷気候や潜水への適応，「登山」できるほどの脚力，などであるが，これらは大激変を生き残る中で結果として得られた機能や形質である。ペンギンの進化史は，生物の進化の「すごさ」を教えてくれるが，進化は万能ではないことも同時に教えてくれる。ペンギンは体サイズの上限を突破できず，海の覇者となることはなかったし，ジャイアントペンギンをはじめとする，新たな環境や海生哺乳類の進出に適応できなかった数多くのペンギンが姿を消している。過去から現在にいたる幾多のペンギンの繁栄と衰退は，生物の進化を考える上で得難い「教材」であるといえる。

［文 献］

1) Slack, K. E., Jones, C. M., Ando, T., Harrison, G. L. (A.),, Fordyce, R. E. *et al. Mol. Biol. Evol.* **23**, 1144–1155 (2006).

2) Jarvis, E. D., Mirarab, S., Aberer, A. J., Li, B., Houde, P. *et al. Science.* **346**, 1320–1231 (2014).

3) Simpson, G. G. *Bull. Am. Museum Nat. Hist.* **87**, 7–99 (1946).

4) Ksepka, D. T. & Ando, T. in *Living Dinosaurs* (eds. Dyke, G. & Kaiser, G.) **5**, 155–186 (John Wiley & Sons Ltd, 2011).

5) Acosta Hospitaleche, C. *Comptes Rendus Palevol* **13**, 555–560 (2014).

6) Mayr, G., Scofield, R. P., De Pietri, V. L. & Tennyson, A. J. D. A *Nat. Commun.* **8**, (2017).

7) Smith, N. A. *Paleobiology* **42**, 8–26 (2015).

8) Ksepka, D. T., Clarke, J. A., Devries, T. J. & Urbina, M. *J. Anat.* **213**(2), 131-47 (2008), doi:10.1111/j.1469-7580.2008.00927.x

9) Clarke, J. A., Ksepka, D. T., Salas,-G. R., Altamirano, A. *J. et al. Science.* **330**, 954 (2010).

10) Ando, T. & Fordyce, R. E. *Palaeogeogr. Palaeoclimatol. Palaeoecol.* **400**, 50–61 (2014).

11) Göhlich, U. B. *Acta Palaeontologica Polonica* **52**, 285 (2007).

12) Gavryushkina, A., Heath, T. A., Ksepka, D. T., Stadler, T., Welch, D. *et al. Systematic Biology* **66**, (2017).

13) Baker, A. J., Pereira, S. L., Haddrath, O. P. & Edge, K. A. *Proc. R. Soc. B-Biological Sci.* **273**, 11–17 (2006).

14) Subramanian, S., Beans-Picón, G., Swaminathan, S. K., Millar, C. D. & Lambert, D. M. *Biol. Lett.* **9**, 10–13 (2013).

15) Thomas, D. B. & Ksepka, D. T. *Zool. J. Linn. Soc.* **168**, 207–219 (2013).

2 ペンギンの潜水能力のひみつ
——バイオロギングで明らかになった生理メカニズムと行動パターン

塩見 こずえ
Kozue Shiomi

国立極地研究所
生物圏研究グループ　助教

1984年生まれ。2015年より国立極地研究所所属。ミズナギドリ類やペンギン類をはじめとする海鳥の行動を研究している。専門分野は，動物行動学。

ペンギンは空を飛ばない。その代わりに彼らが獲得したものは一体なんだろう？　バイオロギング研究によって明らかになったペンギンの潜水能力と，それを支える生理メカニズムや行動パターンを見てみよう。

1 潜水に特化した鳥

　ペンギンは，空を飛ぶ能力を失った代わりに水中で動き回ることに特化した鳥である。彼らは一体どんな武器を手に入れて，潜水能力を身につけたのだろう。

　ペンギンがどのように潜水に適応しているかについては形態，行動，生理，などさまざまな側面から考えることができる。しかし，時に100 m以上もの深さまで潜るペンギンたちの水中での行動，ましてや体内で何が起こっているかを私たちが直接観察することなど到底できない。

　そこで，その困難を打開するために開発されたのがバイオロギングとよばれる研究手法である。バイオロギングでは記録計（データロガー）を動物の体に直接取り付けることで，水中でも空中でも彼らの行動や経験した環

海へ出かける
キングペンギン

境に関するデータを私たちに代わって記録し続けてもら
うことができる。動物の体内に装着したセンサによって，
生理パラメータを記録するデータロガーもある。バイオ
ロギングのおかげで，直接観察したとしても得られない
ような種類のデータまで記録できるようになり，ペンギ
ンを含む潜水動物に関する理解が飛躍的に進んだ。

　本稿では，バイオロギング研究によって明らかになっ
たペンギンの生理面，行動面での適応に注目することに
した。最初に，ペンギンの潜水能力はどのくらい「すごい」
のかを概観してから，そのような潜水能力を実現してい
る生理メカニズムや行動パターンについて紹介する。

❷ ペンギンの潜水能力

　ペンギンは潜水が得意だという話に反対する人はほと

んどいないと思うが，実際のところ，どのくらい得意なのだろう。

　これまでに，ペンギン全18種のうち16種についてバイオロギング調査の報告があるようだ。ペンギンを含むさまざまな潜水動物の潜水記録を集めたウェブサイトPenguiness Book[1]に引用されている論文やその他の論文から，各種の最長潜水時間，最大潜水深度の情報を集めた（図1）。ただし，これらの値がペンギンたちが本気

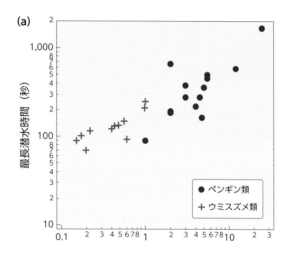

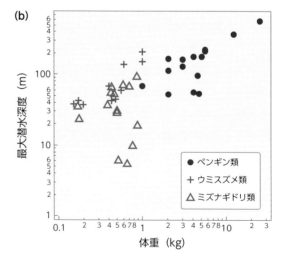

を出した時の記録なのかを知る術はない。今後，データが増えるにつれて記録が更新されていく可能性も十分にある。

(1) 潜水時間

　ペンギンは私たち人間と同じく肺呼吸の動物である。したがって水中では，基本的に潜水前に空気中から取り込んだ酸素を利用して行動している。つまり，どのくらい長く潜れるかは，体の中に持っている酸素の量とその酸素を使うペースによっておおよそ決まると考えられる[2]。また，潜水時間の長さは体の大きさとも関係している。理論的には，体内に蓄えられる酸素量は体が大きくなった分だけ増えるのに対して，単位時間あたりの酸素消費量は体サイズの増加分ほどには増えない。したがって，体が大きい動物ほど長い時間潜ることができることになる[2]。

　それでは，実際に計測された潜水時間の最長記録を見てみよう。潜水動物に使われるほとんどのデータロガーには圧力センサが搭載されており，記録された圧力の変化から動物がいつ水中に入り，いつ水面に出てきたかを知ることができる[3)4)]。最も長い潜水記録の保持者は，やはり一番体の大きなエンペラーペンギンである。その記録は，27分36秒[5]。しかし，これだけ長く水中にいてヘッチャラだったかというとそうでもないらしい。深度とともに記録されている加速度データから，ペンギンの姿勢や動きを間接的に知ることができる[6]。潜水を終えて氷の上に上がったこのペンギンは，いつものようにすぐに立ち上がって歩いたり身震いをしたりすることなく，しばらく寝そべったまま動かなかったようである[6]。真相はわからないが，この潜水はエンペラーペンギンにとっても想定外の長さだったのではないだろうか。氷の下を泳いでいるうちに水面への出口を見失い，さまよっ

ていたのかもしれない。

　その他のペンギンの潜水時間記録は，理論的に予想されるとおり，体が小さい種ほど短くなる傾向があるようだ（図1）。

⑵　潜水深度

　潜る深さについてはどうだろう。1回の潜水中に到達できる深さは，水中にいられる時間の長さと泳ぐ速さに左右されると考えられる。泳ぐ速さも体が大きいほど少しだけ速くなる[7]ため，潜水時間の傾向と合わせて考えると，やはり体の大きな動物の方が深く潜れることになる。

　圧力センサ付きのデータロガーでこれまでに計測された記録によると，ペンギンの最も深い潜水の記録はエンペラーペンギンの564 mである[8]。上述のPenguiness Bookには，潜水深度の記録を世界各地の建物や滝の高さと比べられるページもあるのだが，ペンギンの記録はエンパイアステートビルや東京タワーをも凌ぐ[1]。そして，潜水時間と同じく，体が小さい種ほど最大潜水深度も浅くなる傾向がある（図1）。

⑶　他の海鳥との比較

　ここまでペンギンの潜水記録を紹介してきたが，ペンギンは本当に空を飛ぶことを捨てた「甲斐」があったのだろうか。このことを確認するため，飛翔と潜水の両方をこなす海鳥の潜水記録と比較してみよう。

　図1に，ペンギンとは違って飛ぶことと潜ることを両立している海鳥の潜水記録も示した。潜水時間，潜水深度ともに，全体としてはやはりペンギンの記録が他の海鳥を上回っている。ただ，ウミスズメ類やミズナギドリ類のほとんどの種については，体重の違いを考慮すればペンギンと同等かそれ以上の潜水能力を持っているとも

いえそうだ[9]。もちろん最大値の比較だけで議論することはできないが，ペンギンは空を飛ばない代わりに体を大きくできたことが，水中への適応において最も重要なポイントだったといえるかもしれない。

③ 生理面での適応

　水中で自由に動き回るペンギンの体の中には，どのような特別な仕組みが隠されているのだろう。第3節では，ペンギンの潜水能力を生理面で支える三つの柱を明らかにした研究を紹介する。

(1)　酸素タンク

　私たちがダイビングをする時には，酸素が詰まったボンベを背負っているおかげで，水中でも息苦しさを感じることなく泳ぐことができる。一方，野生動物であるペンギンたちがこのような容器を体の外に携えているはずはなく，水中で使う酸素はすべて潜り始める前に体の中に取り込んでいる。

　体内の「酸素タンク」には，大きく分けると呼吸器官（肺と気嚢），血液，筋肉，の3種類がある。ペンギンが最も多くの酸素を蓄えているのは呼吸器官で，保有酸素量の約60％が入っている[10]。血液と筋肉の中の酸素は，それぞれヘモグロビンとミオグロビンというタンパク質と結びついた形で存在している。ペンギンでは，これらのタンパク質の血液中・筋肉中の濃度が他の海鳥に比べると高いことがわかっている[11][12]。さらに，データロガーにつながれたセンサを血管中や筋肉に取り付けてヘモグロビンおよびミオグロビンの酸素飽和度の変化を計測した実験によって，潜水開始時の酸素飽和度は多くの場合90％を超える値となっていることがわかった[13][14]。こ

のようにペンギンは，酸素の容れ物として使えるものを
フル活用しているみたいである。

⑵　酸素の使い方

　次に，そのようにして体内に積み込まれた酸素を潜水
中のペンギンがどのように使っているか見ていきたい。

　呼吸器官や血液中に蓄えられた酸素は，ポンプとして
働く心臓の拍動によって全身に届けられる。したがって
潜水中の心拍数の変化を調べることによって，酸素がど
のように使われているかを推測することができる。心拍
数を計測するためのデータロガーをエンペラーペンギン
に装着したところ，潜水中の心拍数は1分間に平均57
回で，休息中（平均73回）や潜水直後（平均85回）より
も低い値であった[15]。20分近く続く長い潜水では心拍
数はさらに低く，特に終盤には，1分間に6回まで減少
していた[15]。これらの結果から，限られた酸素を切り
詰めて使っていることがうかがえる。

　また，ペンギンたちの酸素節約術として重要なものの
一つに，血流の抑制がある[16]。私たち人間と同じくペ
ンギンの体にも隅々まで血管がはりめぐらされているが，
すべての部位に平等に，ではなく潜水中に必要な器官に
だけ酸素を送り込んだほうが，限られた酸素ストックを
有効に使えるだろう。実際，潜水中にはフリッパーや足
など，遊泳運動に直接関わっていない部位への血流は抑
制されていると考えられている。そしてこの「不平等」
な血流の分布によって，体温もまた不均一に保たれてい
るらしい[17][18]。温度センサを体内のいくつかの部位に取
り付けた実験によって，潜水中，遊泳運動に必須の胸筋
など体の中心部では体温が37度台に保たれていたのに
対して，フリッパーの血管では7度台まで下がっている
ことが明らかになった[18]。

⑶ 酸素を使い切る

　潜水中に使える酸素量をできるだけ多くするためには，体内に持っている酸素を最後まで使い切れるのが理想的だろう。しかしそのためには，克服しなければならない壁がある。酸素を使い切るということは，「酸素タンク」がほとんどからっぽになっているような極端な低酸素状態に直面することを意味する。実際，ペンギンの気囊内に電極を挿入して酸素分圧を計測した実験によると，エンペラーペンギンは潜水の終盤に，人間ならば失神してしまうような低酸素状態を頻繁に経験していた[19]。そしてペンギンのヘモグロビンは，空気の薄い高地に生息するインドガンとほぼ同じ性質を持っており，極めて酸素が少ない環境でも体中に適切に酸素を供給する能力があることもわかった。この低酸素耐性が，潜水能力を支える最後の柱となっているようだ。

４　行動面での適応

　ペンギンの潜水能力を支えているのは第3節で紹介したような生理的な適応だけではない。第4節では，限られた潜水時間を有効に使うために，ペンギンたちが行動面でどのような工夫をしているのかについて紹介する。

⑴ 多すぎず少なすぎず

　前節で，ペンギンは体内にたくさんの酸素を蓄えられると書いた。しかし，潜水前に目いっぱい空気を吸い込むのが常に最適とは限らない。もともとペンギンの体は海水よりも軽いため，水中へ潜っていく時には浮力に逆らって進むことになる。そこへ空気をたくさん吸い込むと，浮力はますます大きくなる。ある程度の深さまで潜れば水圧で空気の体積が小さくなるが，特に水面付近で

は前進するために必要な力が大きくなってしまうのだ。潜水の始まりから酸素を使いすぎないためにも，常に最大限まで空気を吸い込むのではなく，多すぎず少なすぎない量に留めるのが望ましいだろう。

　ペンギンが実際にそのような空気量調整をしているのか，それを知るためには，潜水中のペンギンが体内に持っている空気量を測る必要がある。自分だったら，そんなことができるかどうかさえ考えようとしなかったと思うのだが，バイオロギングによって記録された深度，速度，体の傾きのデータと物理法則を組み合わせて，水面に浮上中のペンギンの体内の空気量を推定する方法が考案された[20]。この研究で，キングペンギンとアデリーペンギンは浅く潜る時ほど吸い込む空気量を減らしていることがわかった[20]。この結果は，ペンギンが浮力を調整していることに加えて，潜る前に目標とする深度を決めている可能性があることも示している。

⑵　早すぎず遅すぎず

　ペンギンは，もちろん目的もなく水の中にいるわけではない。ほとんどの場合，自分自身が食べる餌や雛に与える餌を獲るために潜っている。餌をできるだけ多く獲るためには，水中にいる時間をなるべく長くしたいところだが，潜水時間が長すぎると水面に戻ってからの回復にも時間がかかってしまう[21]。つまり，1回の潜水あたりの餌量は増えるかもしれないが，長い時間スケールで見たときに餌の量を最大化できるとは限らない。このような潜水時間のトレードオフを考えると，適切なタイミングで潜水を終えることも重要であるといえそうだ。

　筆者らは，エンペラーペンギンの潜水データを使って，潜水終了の引き金となっている条件を探ることにした。調べたのは，水面に向かい始めた時点までの経過時間とフリッパーをはばたかせた回数である。潜水中のはばた

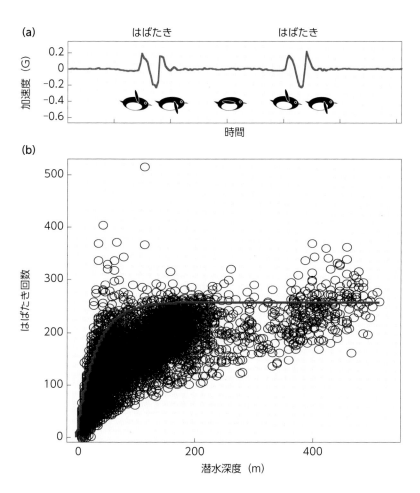

き回数は，筋肉中の酸素消費量の指標となることがわ
かっている[22]。そして，加速度データには，フリッパー
の打ち上げ・打ち下ろしが規則的なパターンとして記録
されるため［図2(a)］，ペンギンがいつはばたいていた
かを容易に知ることができるのだ。

　分析の結果，エンペラーペンギンはどの深さに潜って
いる時にも約240回はばたくまでには水面に戻り始めて
いたことがわかった［図2(b)］。一方，経過時間の上限
値については一貫性が見られなかった。つまりペンギン
は，水中で消費した酸素量，もしくは体内に残っている

図2
**潜水終了のタイミング
分析**

(a) はばたき運動中の加速
　　度データ

(b) 潜水終了決断時のはばた
　　き回数と潜水深度の関係。
　　文献23) より改変。

酸素量を手がかりに，潜水を終えるべきタイミングを逃さないようにしているのかもしれない[23]。

5 これからのペンギンロギング

　ここまで紹介してきたように，バイオロギングによって想像もしなかったような発見が次々になされた一方で，未解決の問いも残されている。たとえば，お気づきの方もいるかもしれないが，生理的なメカニズムに関する発見のほとんどはエンペラーペンギンについて特定の研究グループによってなされたものである。それらの結果が他の種にも共通して見られるのかどうか，体の大きさや生息環境が生理的なメカニズムにどのように影響しているのか，についても気になるところだ。

　また，潜水深度や潜水時間，そして水面での位置情報については多くのデータが蓄積されつつある一方で，水中での移動経路を詳細に記録した例はまだほとんどない。筆者らの研究で，方位・体の傾き・速度を記録できるデータロガーを用いて，南極の海氷の下で潜水するエンペラーペンギンの潜水経路を記録したところ，水中で水平方向に1 km近く泳いだ後，潜り始めた氷穴まで戻ってくることもあった[23]。片道の距離でいえば，潜水深度の2倍にもなる記録である。このように，水中での移動を三次元的に調べなければわからないことも多くあるはずである。

　データロガーの小型化や機能の多様化とともに，これからもペンギンに関する新たな発見が続いていくことを期待したい。

［文 献］

1）　Ropert-Coudert Y., Kato A., Robbins A., & Humphries G.R.W. The Penguiness book. (World Wide Web electronic publication, version 3.0, 2018). viewed 17 Nov 2018, http://www.penguiness.net, doi:10.13140/RG.2.2.32289.66406

2) Butler, P. J. & Jones, D. R. *Advances in Comparative Physiology and Biochemistry*, **8**, 179–364 (1982).

3) DeVries, A. L. & Wohlschlag, D. E. *Science* **145**, 292 (1964).

4) Naito, Y., Asaga, T. & Ohyama, Y. *Condor* **92**, 582–586 (1990).

5) Sato, K., Shiomi, K., Marshall, G., Kooyman, G. L. & Ponganis, P. J. *Proc. Roy. Soc. B.* 2854–2863 (2011). doi:10.1242/jeb.055723

6) Yoda, K., Sato, K., Niizuma, Y., Kurita, M. & Naito, Y. *J. Exp. Biol.* **204**, 685–690 (2001).

7) Watanabe, Y. Y. Sato, K., Watanuki, Y., Takahashi, A., Mitani, Y. *et al. J. Anim. Ecol.* **80**, 57–68 (2011).

8) Wienecke, B., Robertson, G., Kirkwood, R. & Lawton, K. *Polar Biol.* **30**, 133–142 (2007).

9) Watanuki, Y. & Burger, A. E. *Can. J. Zool.* **77**, 1838–1842 (1999).

10) Ponganis, P. J., St Leger, J. & Scadeng, M. *J. Exp. Biol.* **218**, 720–730 (2015).

11) Baldwin, J. *Hydrobiologia* **165**, 255–261 (1988).

12) Croll, D., Gaston, A. J., Burger, A. E. & Konnoff, D. *Ecology* **73**, 344–356 (1992).

13) Meir, J. U. & Ponganis, P. J. *J. Exp. Biol.* **212**, 3330–3338 (2009).

14) Williams, C. L., Meir, J. U. & Ponganis, P. J. *J. Exp. Biol.* **214**, 1802–1812 (2011).

15) Meir, J. U., Stockard, T. K., Williams, C. L., Ponganis, K. V & Ponganis, P. J. *J. Exp. Biol.* **211**, 1169–1179 (2008).

16) Ponganis, P. J., Meir, J. U. & Williams, C. L. *J. Exp. Biol.* **214**, 3325–3339 (2011).

17) Handrich, Y., Bevan, R. M., Charrassin, J.-B., Butler, P. J., Ptz, K. *et al. Nature* **388**, 64–67 (1997).

18) Ponganis, P. J., Van Dam, R. P., Levenson, D. H., Knower, T., Ponganis, K. V. *et al. Comp. Biochem. Physiol. - A Mol. Integr. Physiol.* **135**, 477–487 (2003).

19) Stockard, T. K., Heil, J., Meir, J. U., Sato, K., Ponganis, K. V. *et al. J. Exp. Biol.* **208**, 2973–2980 (2005).

20) Sato, K., Naito, Y., Kato, A., Niizuma, Y., Watanuki, Y. *et al. J. Exp. Biol.* **205**, 1189–1197 (2002).

21) Houston, A. & Carbone, C. *Behav. Ecol.* **3**, 255–265 (1992).

22) Williams, C. L., Sato, K., Shiomi, K. & Ponganis, P. J. *Physiol. Biochem. Zool.* **85**, 120–133 (2012).

23) Shiomi, K., Sato, K. & Ponganis, P. J. *J. Exp. Biol.* 135–140 (2012). doi:10.1242/jeb.064568

24) Tremblay, Y. & Cherel, Y. *Mar. Ecol. Prog. Ser.* **251**, 279–297 (2003).

25) Mills, K. L. *Mar. Ornithol.* **28**, 75–79 (2000).

26) Walker, B. G. & Boersma, P. D. *Can. J. Zool.* **81**, 1471–1483 (2003).

27) Williams, T. D., Briggs, D. R., Croxall, J. P., Naito, Y. & Kato, A. *J Zool L.* **227**, 211–230 (1992).

28) Ropert-Coudert, Y., Chiaradia, A. & Kato, A. *Mar. Ornithol.* **34**, 71–74 (2006).

29) Norman, F. I. & Ward, S. J. *Mar. Ornithol.* **21**, 37–47 (1993).

30) Luna-Jorquera, G. *Mar. Ornithol.* **27**, 74–76 (1999).

31) Shiomi, K., Sato, K., Handrich, Y. & Bost, C. A. *Mar. Ecol. Prog. Ser.* **561**, 233–243 (2016).

32) Hull, C. L. *Can. J. Zool.* **78**, 333–345 (2000).

33) Takahashi, A. M., Dunn, J., Trathan, P. N., Sato, K., Naito, Y. *et al. Mar. Ecol. Prog. Ser.* **250**, 279–289 (2003).

34) Boyd, I. L. & Croxall, J. P. *Can. J. Zool.* **74**, 1696–1705 (1996).

35) Pichegru, L. Ryana, P. G., van Eedena, R., Reida, T., Grémilletab, D. *et al. Biol. Conserv.* **156**, 117–125 (2012).

36) Shoji, A., Aris-Brosou, S. & Elliott, K. H. *Comp. Biochem. Physiol. -Part A Mol. Integr. Physiol.* **196**, 54–60 (2016).

37) Hedd, A., Regular, P. M., Montevecchi, W. A., Buren, A. D., Burke, C. M. *et al. Mar. Biol.* **156**, 741–751 (2009).

38) Elliott, K. H., Davoren, G. K. G. K. & Gaston, A. J. *Can. J. Zool. Can. Zool.* **85**, 352–361 (2007).

39) Kuroki, M., Kato, A., Watanuki, Y., Niizuma, Y., Takahashi, A. *et al. Can. J. Zool.* **81**, 1249–1256 (2003).

40) Clowater, J. S. & Burger, A. E. *Can. J. Zool.* **72**, 863–872 (1994).

41) Harding, A. M. A., Egevang, C., Walkusz, W., Merkel, F., Blanc, S. *et al. Polar Biol.* **32**, 785–796 (2009).

42) Thoresen, A. C. *West. Birds* **20**, 33–37 (1989).

43) Shoji, A., Elliott, K., Fayet, A, Boyle, D., Perrins, C. *et al. Mar. Ecol. Prog. Ser.* **520**, 257–267 (2015).

44) Masden, E. A., Foster, S. & Jackson, A. C. *Bird Study* **60**, 547–549 (2013).

45) Elliott, K. H., Shoji, A., Campbell, K. L. & Gaston, A. J. *Aquat. Biol.* **8**, 221–235 (2010).

46) Montague, T. *Emu* **85**, 264–267 (1985).

47) Seddon, P. J. & Heezek, Y. Van. *Emu* **90**, 53–57 (1990).

48) Robinson, S. A. & Hindell, M. A. *Ibis* **138**, 722–731 (1996).

49) Culik, B., Hennicke, J. & Martin, T. *J. Exp. Biol.* **203**, 2311–22 (2000).

50) Peters, G. Wilson, R. P., Scolaro, J. A., Laurenti, S., Upton, J. *et al. Waterbirds* **21**, 1–10 (1998).

51) Watanuki, Y., Kato, A., Naito, Y., Robertson, G. & Robinson, S. *Polar Biol.* **17**, 296–304 (1997).

52) Wilson, R. P. *Mar. Ecol. Prog. Ser.* **25**, 219–227 (1985).

53) Steinfurth, A., Vargas, F. H., Wilson, R. P., Spindler, M. & MacDonald, D. W. *Endanger. Species Res.* **4**, 105–112 (2008).

54) Green, K., Williams, R. & Green, M. G. *Mar. Ornithol.* **26**, 27–34 (1998).

55) Tremblay, Y., Guinard, E. & Cherel, Y. *Polar Biol.* **17**, 119–122 (1997).

56) Schiavini, A. & Rey, A. R. *Mar. Ecol. Prog. Ser.* **275**, 251–262 (2004).

57) Croll, D. A., Gaston, A. J., Burger, A. E. & Konnoff, D. *Ecology* **73**, 344–356 (1992).

58) Burger, A. E., Wilson, R. P., Garnier, D. & Wilson, M.-P. T. *Can. J. Zool.* **71**, 2528–2540 (1993).

59) Burger, A. E. & Powell, D. W. *Can. J. Zool.* **68**, 1572–1577 (1990).

60) Jury, J. *British Birds* **79**, 339 (1986).

61) Karnovsky, N. J., Brown, Z. W., Welcker, J., Harding, A. M. A., Walkusz, W. *et al. Mar. Ecol. Prog. Ser.* **440**, 229–240 (2011).

62) Neves, V. C., Bried, J., González-Solís, J., Roscales, J. L. & Clarke, M. R. *Mar. Ecol. Prog. Ser.* **452**, 269–285 (2012).

63) Keitt, B.S., Croll, D.A. & Tershy, B.R. *Auk* **117**, 507–510 (2000).

64) Matsumoto, K., Oka, N., Ochi, D., Muto, F., Satoh, T. P. *et al. Ornithol. Sci.* **11**, 9–19 (2012).

65) Grémillet, D. Péron, C., Pons, J.-B., Ouni, R., Authier, M. *et al. Mar. Biol.* **161**, 2669–2680 (2014). doi:10.1007/s00227-014-2538-z

66) Shoji, A, Dean, B., Kirk, H., Freeman, R., Perrins, C. M. *et al. Ibis* **158**, 598–606 (2016).

67) Péron, C., Grémilleta, D., Prudora, A., Pettexc, E., Saraux, C. *et al. Biol. Conserv.* **168**, 210–221 (2013).

68) Burger, A. E. *Auk* **118**, 755–759 (2001).

69) Taylor, G. *Pap. Proc. R. Soc. Tasmania* **142**, 89–97 (2008).

70) Meier, R. E., Wynna, R. B., Votierb, S. C., Grivéc, M. M., Rodríguezc, A. *et al. Biol. Conserv.* **190**, 87–97 (2015).

71) Ronconi, R. A., Ryan, P. G. & Ropert-Coudert, Y. *PLoS One* **5**, 1–7 (2010).

72) Weimerskirch, H. & Cherel, Y. *Mar. Ecol. Prog. Ser.* **167**, 261–274 (1998).

73) Rayner, M. J., Taylor, G. A., Thompson, D. R., Torres, L. G., Sagar, P. M. *et al. J. Avian Biol.* **42**, 266–270 (2011).

74) Paiva, V. H., Xavier, J., Geraldes, P., Ramirez, I., Garthe, S. *et al. Mar. Ecol. Prog. Ser.* **410**, 257–268 (2010).

③ 比較ゲノムでペンギンの適応進化を探る
——ペンギンゲノムに刻まれた環境適応の歴史

生物のゲノムには，適応進化の歴史が刻まれている。海中生活に適応したペンギン類は，味覚や嗅覚に関与する遺伝子が，他の鳥類とは異なる進化を遂げていることが，比較ゲノムの手法により明らかになった。また，ペンギンの特徴的な外部形態についても，最近の研究により，形態進化を司るゲノム上の候補遺伝子が示唆された。

阿部 秀明
Hideaki Abe

佐渡トキ保護センター
理学博士／獣医師

2012年，京都大学野生動物研究センターで学位（理学博士）取得。ニュージーランド・オタゴ大学でポスドク研究員。京都大学野生動物研究センターで特定助教を務めた後，2018年4月より現職。専門分野は，分子生物学，ゲノム進化（鳥類），集団遺伝学（鳥類），鳥類繁殖。

1 はじめに

　鳥類は，環境の変化に迅速に適応することによって，地球上のあらゆる場所に生息域を拡大させてきた。ダーウィンフィンチの例をあげるまでもなく，環境の変化に対する適応能力に優れ，DNAの進化速度も速い鳥類は，環境への適応をゲノムの側面から探るには，格好の研究対象となってきた。その中でも，ペンギン類は，厳冬の極地における繁殖・育雛など，最も過酷な環境への適応に成功してきたことから，適応進化とゲノム多様性の観点において興味深い対象である。今回は，ペンギンのゲノムに注目し，**ゲノム解析***により明らかになったこと

用語解説

【ゲノム解析】
細胞に含まれるDNA分子の全塩基配列を決定し，遺伝情報を総合的に解析すること。全ゲノム配列が決定された生物種は日々増加しており，真核生物457種，細菌4,888種，古細菌278種となっている[16]。

111

オウサマペンギン

背景はゲノムの個体差を表現
したゲルイメージ

がらを整理し，ペンギンの適応進化
についての仮説も紹介したい。

2　鳥類ゲノムプロジェクト

　ゲノムとは，ある生物種の遺伝情
報全体であり，具体的には，生物が
生きていくために必要不可欠な遺伝
子が収められた染色体の一組を指す。
DNA解析機器および技術の発展に
伴い，研究者が扱うことができる遺
伝情報は質・量ともに向上し，ゲノム全体を対象とした
解析は，もはや特別なことではなくなった。ヒトやマウ
スを対象とした基礎ゲノム研究だけでなく，希少野生動
物においても，保護や系統進化解明を目的としたゲノム
研究がおこなわれている。

　鳥類のゲノム研究は，この10年で飛躍的に前進した。
特に，Avian Phylogenomics Projectとよばれる大規模
な国際プロジェクトでは，48種類に及ぶ鳥類のゲノム
について4年がかりで解読・解析をおこない，主に鳥類
の進化・系統について，米科学誌「*Science*」に8本の論
文が同時発表された[1]。このプロジェクトにおいて，ペ
ンギン類ではアデリーペンギン（*Pygoscelis adeliae*）と
コウテイペンギン（*Aptenodytes forsteri*）の2種につい
てゲノム配列が決定され，比較ゲノムの手法を用いた詳
細な解析は，2014年に別の科学論文として発表された[2]。
比較ゲノム学とは，さまざまな階層で複数の生物のゲノ
ムを比較することにより，形態的・生理的差異を生み出
すゲノム領域を特定し，さらには，進化上保存されたゲ
ノム領域の機能的役割を推測する学問である（図1）。

　このプロジェクトで決定されたゲノム配列を用いた研

ケース1 同種または同じ目内での比較

異なる環境への適応を可能にした遺伝的要因の同定，系統地理学的解析など

ケース2 他の鳥類との目間比較

生物学的な特徴（外部形態・生態など）を司るゲノム領域の特定など（Avian Phylogenomics Project）

ケース3 系統的に隔たった動物との比較

進化上で保存されたゲノム領域を同定し，その領域が果たす共通の役割の特定など

究で，ゲノムの進化について興味深い事実が明らかになった。鳥類ゲノムは，哺乳類のゲノムと比べると約三分の一のサイズであり，他の生物と同様に，進化の過程で部分的な増加（重複など）や減少（欠失など）を繰り返し，現在のゲノムを構成している。このゲノム構成を考えた場合，鳥類系統内でゲノムサイズの増加・減少パターンは一様ではなく，ペンギンや走鳥類（ダチョウ・エミューなど）と他の鳥類とでは大きく異なっていた。ペンギン／走鳥類などの飛翔能力を失った鳥では，ゲノムの部分的な増加および減少が，他の鳥類に比べて少なく，ゲノムの構成が安定しているのである[3]。これが飛翔しない鳥類の代謝率と，ゲノムの安定性の関連を示唆するものであるか否かは，今後の研究を待たなければならないが，ゲノム進化についての新しい知見である。

図1
比較ゲノムにおけるさまざまな階層間での比較と主な目的

3 ゲノム解析により 集団サイズの遷移を探る

　Li らは，PSMC（Pairwise Sequentially Markovian Coalescent）[*] という解析モデルを用いて，コウテイペンギンとアデリーペンギンの歴史的な集団サイズの推移を比較している[2)]。アデリーペンギンは，約15万年前の気候が温暖であった期間に劇的に個体数を増加させたが，逆に6万年前の氷河期には約40％も集団サイズを減らしている。これに対して，コウテイペンギンの個体数は比較的一定で，氷河期・間氷期の影響をあまり受けなかったとみられる。この大きな違いは，環境の変化が集団サイズの増減に及ぼす影響が，両種で異なっているためかもしれない。つまり，氷河期の氷床増加は，もともと氷上で抱卵や育雛をおこなうコウテイペンギンには影響を与えなかったが，同じ南極に生息するアデリーペンギンは氷のない地面で繁殖するため，より決定的な影響を受けたという仮説である。また，オウサマペンギン（*Aptenodytes patagonicus*）についても，ゲノムの変異を指標として集団サイズの推移が解析されているが，最終氷期後（18,000年前～）に急激な集団サイズの増加が起こったと推測されている[4)]。このようなゲノム変異からみた集団サイズの歴史的遷移に関する解析は始まったばかりであり，今後解析されるペンギンの種類が増えれば，南半球の気候変動と各ペンギンの盛衰について，より深い知見が得られるであろう。

4 機能を有する遺伝子・失った遺伝子

　ペンギンに特徴的な外部形態と生理機能は，どのようなゲノムの変化によって獲得されたのだろうか？　この

用語解説

【Pairwise Sequentially Markovian Coalescent (PSMC)】
一対のゲノム配列を用いて，歴史的な集団サイズの遷移を推定する統計的手法。全ゲノム配列データを用いるのが一般的であるが，制限酵素により断片化されたフラグメントの配列データを対象とすることもある。

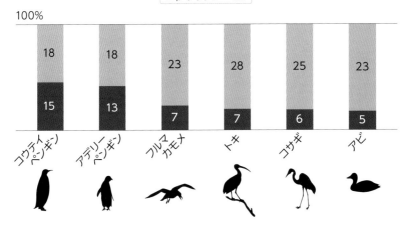

図2

ケラチン生成細胞における β-ケラチン，および嗅覚受容体(OR)遺伝子について，ゲノム中の機能を保持した遺伝子数の鳥種間比較

両遺伝子の合計数を100（％）とし，割合を比較している。各数字は機能を保持した遺伝子数であり，偽遺伝子や未確認の場合は除いてある。詳細については，文献2)，5)参照。

問いについては，ペンギンのゲノムにコードされた特定の形態・機能を司る遺伝子の数が，他の鳥類と比べて増えているのか，減っているのかが重要な指標となる。もう少し付け加えると，ゲノム中には機能している遺伝子のほかに，もともとあった遺伝子としての機能を失った偽遺伝子とよばれる配列があり，環境の変化などにより特定の遺伝子の必要性が低くなると，遺伝子の喪失や偽遺伝子化が起こりやすくなる。Li らは，ペンギンのゲノム中にある β-ケラチン遺伝子の数を調べたところ，他の水辺に生息する鳥類に比べて有意に多いという結果を得た（図2)[2]。この結果について，ペンギンは低温下での体温低下を防ぐために独特な体羽の構造を有しているが，これは進化の過程でペンギン系統に特異的に，β-ケラチンの遺伝子が重複したためかもしれないと筆者らは推測している。

また，他の研究グループがペンギンの**嗅覚受容体**[*]の数を調べたところ，β-ケラチン遺伝子の場合とは逆に，他の鳥と比べてペンギン類では嗅覚受容体の数が少なく，偽遺伝子化しているものが多いという結果が得られた（図2)[5]。筆者らは，ペンギンが水中生活へ適応するに

用語解説

【嗅覚受容体（OR）】
匂い分子がこの受容体と結合することによって，生物は匂いを知覚する。ORの数は生物種によって大きく異なり，ラットでは約1,200個，ヒトでは約400個あり，ゲノム中の全遺伝子の2〜5％を占めている。

当たって，重要度が低いと考えられる嗅覚を司る遺伝子群が失われたのではないかと推測している。ペンギン類において，脳の嗅球とよばれる構造物が矮小化していることも[6]，海洋生活に適応してきた過程で，嗅覚への依存度が低くなっていることを端的に示すのかもしれない。しかし，複数のペンギンで嗅覚を血縁個体の識別に利用しているとの報告[7]もあり，更に海洋中の植物プランクトンの生産物である硫化ジメチルを，ペンギンは嗅覚で認識していることから[8]，一概にペンギン類における嗅覚の重要性を否定することはできない。

5 ペンギンの味覚とゲノム進化

ペンギンの**味覚**[*] についても，ゲノム解析でたいへん興味深い事実が明らかになっている。ペンギン進化の過程で旨味・苦味などの他の鳥類がもつ味覚を喪失したというのである（表1）。この現象は，ペンギンゲノムでは，機能を有する *Tas1r1*，*Tasr2r*，*Tas1r3* という味覚に関する遺伝子が偽遺伝子化もしくは失われており，旨味や

表1
鳥類の味覚受容体の分布

×は機能を有する味覚受容体遺伝子が存在しないこと，？は現時点では確認されていないことを示す[9]。
＊Neoavesとは，キジ目，カモ目を除いた鳥類の分類群であるが，本図ではペンギン目を別に示している。

		甘味	旨味	苦味	酸味	塩味
	アデリー	×	×	×	●	●
	ヒゲ	？	×	×	？	？
	イワトビ	？	×	×	？	？
	コウテイ	×	×	×	●	●
	オウサマ	？	×	×	？	？
	水辺のNeoaves*	？	●	●	？	？
	非水辺のNeoaves*	×	●	●	●	●
	キジ目	×	●	●	●	●
	カモ目	×	●	●	●	●

苦味がペンギン類の共通祖先で失われたためであると考えられている[9]。

　ペンギンの舌は他の鳥類と比べ，特異的な構造を有している（図3）。舌表面に棘状の突起を多数有し，組織学的には，結合組織は厚いケラチン層に覆われ粘液線をもたず，舌乳頭には味蕾がないこともわかっている[10]。このような解剖学的特徴も，ペンギンにおける一部の味覚喪失を支持している。それでは，ペンギンの進化上，旨味や苦味を失うことは，どのような意味をもつのであろうか。一つには，「塩味（しょっぱい）」や「酸味（すっぱい）」という味覚はペンギンも有していることから，ペンギンの舌は，魚食に特化した機能的進化の過程で，必要のない味覚を失ったという考えである。さらには，ペンギンが他の鳥類よりも低温下で生息していることも，味覚を失ったことと関係しているかもしれない。TRPM5とよばれる陽イオンチャンネルは，味蕾に多く存在し，旨味・苦味などの認識に重要な役割を果たして

図3
ペンギンの特徴的な舌表面の構造
写真はアデリーペンギン。
（提供：名古屋港水族館）

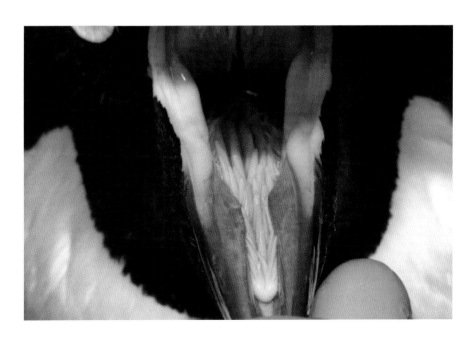

いるが，塩味と酸味の伝達には影響せず，また低温下で
は活性が低下することが知られている[11]。この事実は，
低温環境への適応と味覚の喪失，味覚遺伝子の偽遺伝化
を結びつけるシナリオとして興味深い。

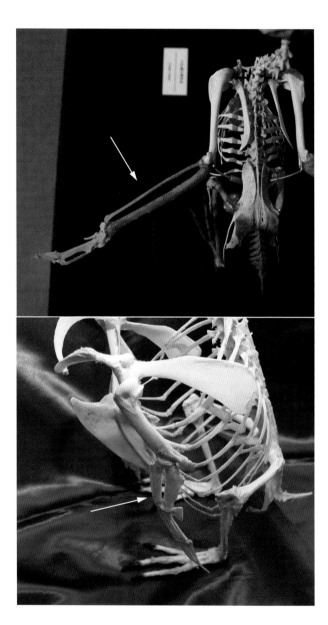

図4
ハシボソガラス
（左：*Corvus corone*）**と**
マゼランペンギン
（右：*Spheniscus magellanicus*）
の骨格比較

白矢印は，ペンギン類で短化
した橈骨と尺骨部位を示す。
（提供：ちそう株式会社・山
本智氏）

(a)

Evc2/Lbn +/+   Evc2/Lbn -/-

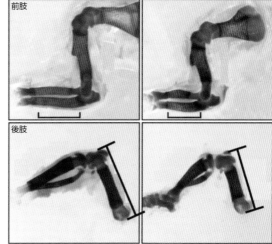

(b)

前肢

Evc2/Lbn +/+

Evc2/Lbn -/-

後肢

Evc2/Lbn +/+

Evc2/Lbn -/-

6 ペンギンの外部形態と変異

　ペンギンと聞いて誰もが思い出すのが，光沢のある滑らかな体羽，短い脚（実際には短く見えるだけなのだが）と，良く動くコミカルな短い翼であろう。他の高度な飛翔能を有する鳥類の骨格との比較において，翼を形成する骨，特に橈骨・尺骨の短小化はペンギン類で顕著である（図4）。このような外部形態の特徴についても，ゲノムの視点から解析されている。ペンギンゲノムにおいて，前肢（翼）形態をコードする17遺伝子を詳細に検討したところ，*Evc2/Lbn* という遺伝子とその近傍領域に，哺乳動物と比較して，アミノ酸の変化を伴う5カ所の塩基置換が見つかったのである[2]。この塩基置換は，コウテイペンギンとアデリーペンギンで共通していた。*Evc2/Lbn* の突然変異は，ヒトやウシで遺伝病の原因となり，軟骨の形成不全による四肢の短小を外見上の特徴とする，Ellis-van Creveld症候群の発症に関与すると考えられている[12]。この遺伝子のノックアウトマウスでは，四

図5
**Evc2/Lbn 遺伝子の
ノックアウトマウス
（-/-）とコントロール
（+/+）の骨格比較**

4週齢個体の全身骨格（a）および胎生18.5日目の四肢（b）の比較[13]。

（提供：岡山大学農学部・辻岳人氏，米国ミシガン大学歯学部・三品裕司氏）

用語解説

【制御配列】
遺伝子発現において，遺伝子のスイッチをオン／オフ制御する塩基配列。近年の研究で，タンパク質をコードするDNA配列よりも，その遺伝子の発現を制御する領域における変異のほうが，鳥類の進化上重要であったといわれている。

肢の短小化がみられ（図5），ヒト以外の脊椎動物でも軟骨形成・成長に重要であることが示された[13]。ペンギンゲノムに起こった同遺伝子上の突然変異が，ペンギンの翼の短小化に関与したという仮説は，遺伝子の機能保持の観点から興味深い。また，*Evc2/Lbn*には*Evc*という遺伝子がhead-to-headの配置で隣接しており，これらの遺伝子の位置関係と向きは，魚類からヒトまで高度に保存されていることから[14]，両遺伝子のプロモーターを含めた領域に，進化上重要な四肢（翼）のサイズに関与する変異がある可能性は高い。

　最近の鳥類進化の研究では，鳥類のゲノムには進化過程において新しい遺伝子の獲得はほとんどなく，既にある遺伝子の**制御配列***を変えることで，鳥らしい外部形態を進化させたことがわかっている。*Sim1*という遺伝子についても同様で，制御配列を変化させることにより，鳥の飛翔能力に重要な風切羽や尾羽の形成に関与していると考えられている[15]。ペンギンに特徴的な羽構造の変化にも，*Sim1*の制御配列の変異が関与している可能性があり，今後，このような候補遺伝子の変異・発現パターンの解析が進めば，ペンギンの外部形態を海中生活へ適応させていった鍵となる変異が同定されるかもしれない。

［謝　辞］

岡山大学農学部の国枝哲夫教授，ペンギン会議の上田一生氏には，執筆に協力していただきました。また，ちそう株式会社の山本智氏，名古屋港水族館の栗田正徳氏，岡山大学農学部の辻岳人氏，米国ミシガン大学歯学部の三品裕司氏には，写真の提供をしていただきました。厚く御礼申し上げます。

［文　献］

1) Zhang, G. Li, C. Li, Q. Li, B. Larkin, D. M. *et al. Science*, **346**, 1311–20 (2014).

2) Li, C. Zhang, Y. Li, J. Kong, L. Hu, H. *et al. GigaScience*, **3**, 27 (2014).

3) Kapusta, A. Suh, A. & Feschotte, C. *Proc. Natl. Acad. Sci. U. S. A.* **114**, E1460–9 (2017).

4) Trucchi, E. Gratton, P. Whittington, J. D. Cristofari, R. Le Maho, Y. *et al. Proc. R. Soc. B* **281**, 20140528 (2014).

5) Lu, Q. Wang, K. Lei, F. Yu, D. & Zhao, H. *Sci. Rep.* **6**, 31671 (2016).

6) Tambussi, C. P. Degrange, F. J. & Ksepka, D. T. *J. Vertebr. Paleo.* **35**, e981635 (2015).

7) Coffin, H. R. Watters, J. V. & Mateo, J. M. *PLoS ONE* **6**, e25002 (2011).

8) Amo, L. Rodriguez-Gironés, M. Á. & Barbosa, A. *Mar. Ecol. Prog. Ser.* **474**, 277–85 (2013).

9) Zhao, H. Li, J. & Zhang, J. *Curr. Biol.* **25**, PR141–R142 (2015).

10) Guimarães, J. P. de Britto Mari, R. Le Bas, A. & Miglino, M. A. *Acta Sci. Biol. Sci.* **36**, 491–7 (2014).

11) Talavera, K. Yasumatsu, K. Voets, T. Droogmans, G. Shigemura, N. *et al. Nature*, **438**, 1022–5 (2005).

12) Takeda, H. Takami, M. Oguni, T. Tsuji, T. Yoneda, K. *et al. Proc. Natl. Acad. Sci. U. S. A.* **99**, 10549–54 (2002).

13) Zhang, H. Takeda, H. Tsuji, T. Kamiya, N. Rajderkar, S. *et al. Genesis*, **53**, 612–26 (2015).

14) Ruiz-Perez, V. L. Tompson, S. W. Blair, H. J. Espinoza-Valdez, C. Lapunzina, P. *et al. Am. J. Hum. Genet.* **72**, 728–32 (2003).

15) Seki, R. Li, C. Fang, Q. Hayashi, S. Egawa, S. *et al. Nat. Commun.* **8**, 14229 (2017).

16) KEGG Organisms: Complete Genomics. 取得日2018年10月11日〈https://www.genome.jp/kegg/catalog/org_list.html〉.

④ ペンギンの保全と繁殖への取り組み

――ペンギンと人間の関係について総合的理解を深めるための歩み

上田 一生
Kazuoki Ueda

ペンギン会議研究員，IUCN・SSC・ペンギン・スペシャリスト・グループ（PSG）メンバー

1954年，東京都出身。國學院大学卒業。ペンギン会議研究員としてペンギンの研究・保全活動を30年以上実施。1988年，第1回国際ペンギン会議に唯一のアジア人として参加。専門分野は，ペンギン保全生物学（ペンギンと人間の関係史を含む）。2016年より国際自然保護連合（IUCN）種の保存委員会（SSC）のペンギン・スペシャリスト・グループ（PSG）メンバーとして活動中。主な著書に，ペンギンの世界（岩波書店，2001），ペンギンは歴史にもクチバシをはさむ（岩波書店，2006），ペンギンのしらべかた（岩波書店，2011）などがある。

ペンギン研究の歴史は135年間ほどだが，ペンギン保全に関する本格的な研究は半世紀に満たない。一方，20世紀以降，生息地での保全活動が本格化した。現生18種のうち11種に絶滅の危険が指摘される中，野生個体群の長期個体数変動データの蓄積と分析を継続し，温暖化の進展による複合的な環境変化と貴重な飼育下個体群を正確に把握・管理することが急務となっている。

① ペンギン生物学における「ペンギン保全」の位置について

バーナード・ストーンハウスによれば，近代的な意味で科学的なペンギン研究が始まったのは，1883年，モリソン・ワトソンによるチャレンジャー号探検航海（1873～1876年）の公式報告からだという[1]。また，その後，第二次世界大戦をはさみ1960年代まで，ニュージーランドのランスロット・リッチデイルのキガシラペンギンに関する長期調査（1930～1940年代）以外，ほとんどの報告は，南極または亜南極に生息するペンギンの生態に関する短期

図1
南極の固有種アデリーペンギン

1950年代以降，65年間以上継続して個体数や繁殖生態が研究されてきた。背景はエレバス山。

的調査だけだったとも指摘している。この時期は，いわゆる「極地探検」あるいは「南極の科学的研究」に世界の耳目が集中した時代である。したがって，「ペンギン保全」をテーマとする研究は皆無だったし，ペンギンと人間との関係が強く意識されることは少なかった。

　しかし，1970年代に入ると，状況は大きく変化する。ストーンハウスは，1975年，ペンギンの研究史上記念碑的文献となる『THE BIOLOGY OF PENGUINS』を編纂する。ここに名を連ねた21人の研究者の多くは，その後も長く研究を続け，ペンギン学のさまざまな領域のパイオニアとなっていく。たとえば，G.G.シンプソ

ンは，すでに「ペンギン古生物学」を中心に多くの研究
実績をもち，しかもロングセラーとなった啓蒙書[2]は世
界中のペンギンファンのバイブルとなった。その著書の
最終章は「Penguins and Man」という見出しで，「ペン
ギンと人間との関係史」が，飼育下の状況も含め，要領
よくまとめられている。また，D.G.エインリーは，
1968年に開始したアデリーペンギン（図1）研究の途中
経過を報告しているが，2018年現在，彼のアデリー研
究は半世紀を超える長期調査となっている。さらに，保
全生物学を専門とするP.D.ボースマは，ガラパゴスペン
ギンとその生息環境との関連について，すでにかなり強
い危機意識を持ちつつ，論文をまとめている。このよう
に，出版された各種文献から確認できる「ペンギン学史」
から見ると，「ペンギン保全」への関心は，1970年代後
半から高まり，43年間ほどの歴史しかないことになる。
しかし，「人間とペンギンとの関係史」という視点から
保全について再確認すると，また少し異なる経過が確認
できる。

② ペンギン保全の歴史

　かつて拙著にて詳論したように，ペンギンは「生物の
種としての絶滅」を，欧米社会に初めて強く印象づけた
動物の一つである[3]。もちろん，ここでいう「ペンギン」
とは，現生の18種とは異なり，1844年に絶滅した「オ
オウミガラス」のことである（図2）。この海鳥は，大西
洋北部を中心に，北半球に生息する「太った飛翔力のな
い鳥」として，欧米の船乗りの間ではよく知られた存在
だった。その卵や成鳥は，長年にわたり狩猟の対象とな
り，貴重な動物性タンパク質の供給源でもあった。もと
もと，「ペンギン（太った海鳥）」という呼び名は，オオ

図2
**オオウミガラスの
博物画**
1840〜1850年代，手彩色。

ウミガラスのもので，この鳥に似た南半球の海鳥たち（現生種）にも拡張されていったのだ。

　その元祖「ペンギン」の絶滅物語は，アメリカリョコウバトやドードーなどの絶滅物語とともに，19世紀後半の欧米社会にある変化を生み出す。当時の人々は，「近代化の負の側面」について気づきその改革に取り組み始めたところであったし，チャールズ・ダーウィンの進化論は，「生物の進化」や「種の絶滅」について広汎な議論を巻き起こしていた。そのような中で，人々は「人間の諸活動が直接的原因となった実際の種の絶滅」を目のあ

たりにしたのである。「自然環境や野生動植物の保護・愛護」への関心が急速に高まり，20世紀初めにかけて，各種の市民運動や政府・自治体による施策が次々に実現していった。

　たとえば，世界的に著名な科学雑誌『ナショナル・ジオグラフィック』は，2018年を「鳥の年」として，1月号から鳥類に関する年間特集を展開した[4]。その理由は，1918年，アメリカ合衆国議会がカナダとの国際条約に基づき「渡り鳥保護条約法」を制定してからちょうど100年にあたるからだという。この企画に参画した全米オーデュポン協会，バードライフ・インターナショナルなど，世界的に著名な「環境・生物保護を推進する組織」の多くが，19世紀末〜20世紀初めにその活動を開始する。ジョン・スパークスとトニー・ソーパーは，「19世紀までペンギンを保護する法律は存在しなかった」としつつ，その後の変化を次のようにまとめている[5]。1905

年，ロンドンで開催された国際鳥類会議において，オーストラリアとニュージーランド政府に対し，「ペンギン・オイル」生産のために蒸し釜を使用してペンギン（主にキングとロイヤル）を大量に煮殺すことを禁じる努力を求める決議案が採択された。1909年以降，サウスジョージア島のペンギン（主にキング）が法的な保護の下におかれた。フォークランド諸島では，1864年から一部のペンギンが保護対象となり，1914年までにはすべてのペンギン［キング，ジェンツー，マカロニ，ミナミイワトビ（図3），マゼラン（図4）］が保護下に入った。1919

図4
マゼラン海峡の東端に位置するマグダネーラ島（チリ）**のマゼランペンギンの繁殖地**

研究者たちは，地中にある巣穴を踏み抜かないよう，確認された安全なルートを選んで移動する。

年, オーストラリアのタスマニア政府は, マックォーリー島でのペンギン狩り (主にロイヤルとキング) に関するすべての許可を取消し, この島を禁猟区とした。1924年, フランス政府は, 南インド洋のケルゲレン諸島 (主にキタイワトビ) を国立公園として保護下においた。1959年, 12ヵ国の間で, 南極の生物資源を略奪から守る必要性を確認しあういわゆる「南極条約」が締結された。

このような社会現象, 法的対応としての「ペンギン保全」の流れは, やがてペンギン研究の専門家, ペンギン学の動向にも大きな影響を与えていく。そのターニングポイントとなったのが, 1988年, ニュージーランドのオタゴ大学 (ダニーデン) で開催された「第1回国際ペンギン会議」である。1975年, 『THE PENGUIN BIOLOGY』を編纂したストーンハウスを中心に, 80人ほどの著名な研究者が発起人となり, ペンギン研究と保全活動の先進的・歴史的場所として知られていたオタゴ大学で, 世界初のペンギン学会の開催が実現した。この流れは, 4年後にオーストラリアのフィリップ島 (カウズ) で開かれた「第2回国際ペンギン会議」にも継承され, その会議結果をまとめて出版された報告集のタイトルは, ペンギン保全への関心の高まりを反映するものとなった。そのタイトルは, 『The Penguins Ecology and Management』(1995年)[6] である。20世紀初頭から, ペンギン保全に注目し, いち早くいくつもの法的処置を積極的に講じてきたニュージーランドとオーストラリアの地で, 国際的なペンギン学会が産声をあげたのは, 決して偶然ではなかった。1970年代後半には, ニュージーランドではリッチデイルの詳細な「長期個体数変動に関するデータ (1930〜1940年代)」が基礎になり, キガシラペンギンの激減に関する国民的・国家的関心が高まっていた。また, オーストラリアでは, フィリップ島の「ペンギンパレード (コガタペンギン, 図5)」が観光資源として世界的に

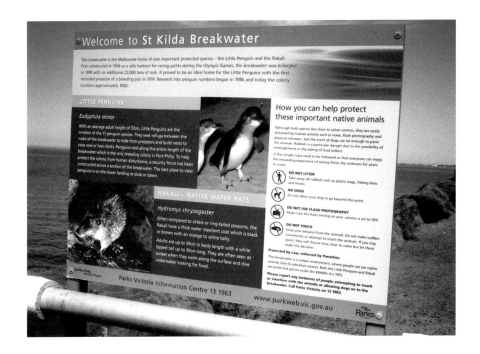

知られる一方で，その生息環境と個体数保全が緊急課題となっていたからである。

図5
コガタペンギンの
保護区

オーストラリア，メルボルン
近郊のビーチ，セントキルダ
にはコガタペンギンの保護区
がある。その入口に掲げられ
たサイン。保全の意義などが
解説されている。

③ ペンギン保全の現況

　2016年10月，南アフリカのケープタウンでIUCN（国際自然保護連合）のSSC（種の保存委員会）が主催する専門家会議が開かれた。会議の中心となったのは，1970年代以降，保全生物学的観点から，主にマゼランペンギンとガラパゴスペンギンについて研究を続けてきたボースマと，ペンギン保全推進を主目的とする国際組織，「グローバル・ペンギン・ソサイエティー（GPS）」を運営してきたアルゼンチンの研究者，P.G.ボルボログの2人である。この2人を共同代表として，IUCNのSSC内に，「ペンギン・スペシャリスト・グループ（PSG）」

が組織され，ケープタウンでのワークショップで『ペンギン・レッドリスト』の評価会議が開催されたのだ。ちなみに，筆者も，PSGメンバー15人の一員としてこの会議に招集され，『レッドリスト更新作業』に参画した。その結果は，「バードライフ」のオフィシャルサイトに掲載されているので，詳しくはそちらをご確認いただきたい。また，細かい部分に多少相違はあるものの，邦語では『新しい美しいペンギン図鑑』(2014年)[7]，英語文献では『Penguins NATURAL HISTORY AND CONSERVATION』(2013年)[8]に最新の保全生物学的データとIUCNの評価とが紹介されている。特に，後者の文献は，ボースマとボルボログの2人が12ヵ国49人の研究者の協力を得て，最新の研究成果を盛り込んで編纂したもので，現在最も信頼できる「ペンギン保全生物学」のデータブックである。

　IUCNの『ペンギン・レッドリスト』による評価は，評価基準そのものの見直し，時々のペンギン分類法や研究データ（主に個体数調査結果）の更新，あるいは使用するコンピュータ・シミュレーション・ソフトの更新などにより，適宜変更を余儀なくされるので，単純な時系列的比較は避けなければならない。しかし，ボースマは前掲書[8]で，次のように述べている。「過去20年間で，現生18種中14種の評価が悪化した。1988年段階では絶滅危惧種が3種だけだったのに，1994年には5種に，2004年には11種に絶滅の危険が迫っているという結論となった。今後，科学者による研究データが蓄積されればされるほど，評価悪化の傾向は高まり続けるに違いない。」この指摘に見るとおり，未来の「ペンギン保全」は，ますます厳しい環境の中で，山積し年々増加する課題との長い闘いになることは間違いない。では次に，保全に関する最新の事例をいくつかご紹介していこう。

　まず，古くて新しい成果に注目したい。それは「長期

図6
キガシラペンギン

ニュージーランドの固有種で
絶滅が心配されている。この
個体はオタゴ半島の野生個体。
ニュージーランド南島のほと
んどすべての個体には，右の
翼に金属製の標識がつけられ，
継続観察されている。

個体数変動データの蓄積と分析」である。そもそも，
ニュージーランドのキガシラペンギン（図6）の激減・
危機的状況が判明したのは，1930年代以降20年間あま
りにわたってリッチデイルが詳細な個体数データを蓄積
してきたおかげである。1970年代後半にリッチデイル
が遺したデータが再発見され，最新個体数調査結果と比
較できたからこそ，このペンギンが絶滅の危機にあるこ
とが判明したのだ。また，南極におけるアデリーペンギ

ンの長期個体数変動に関する研究は，1988年の第1回国際ペンギン会議時点でも40年近いデータの蓄積があったが，現在では65年間以上もの膨大な基礎データに成長した。

　このペンギンが「気候変動の指標」と呼ばれる理由の一つがそこにある。エインリーなど数十年にわたってこのペンギンを追い続けている研究者は，「海氷の増減」と「アデリーの個体数増減」との関係に注目し，そこに気温上昇やオゾン層破壊との関連，海氷下面に成長するアイスアロジーとオキアミからなる食物連鎖との関連について，さまざまな業績を残してきた。また，このような大規模な気候変動や巨大氷山漂着による影響を受けつつも，なぜアデリーの個体数は激減しないのか？　このペンギンが時々の気候変動に応じて，大胆な繁殖地の移動や拡散・集中を繰り返してきたことも確かめられている[9]。しかし，現在最も温暖化が進んでいる南極半島では，降水量が増加し，これがアデリーペンギンのヒナを衰弱（防水性のない綿羽が濡れて体熱を奪われるため）させ，繁殖率が急激に低下している。南極半島では，このような環境下でも容易に繁殖するジェンツーペンギンが増加していて，アデリーと交代しつつあるが，この現象が，今後南極大陸全体にも広がっていくか否か，ヒゲペンギンを含めたアデリーペンギン属の繁殖生態と個体数変動に，十分注意していく必要がある。

　次に，地球温暖化に基因すると考えられるさまざまな気候変動や異常気象が多発・激化するに伴い，ペンギンの個体数減少や繁殖地の荒廃につながる各種の人間活動による影響が，次第に拡大し，かつ複合化しつつあることに留意しなければならない。ペンギンの生存を脅かす人間活動としては，① 繁殖地・営巣地の開発による破壊，② 漁業との競合・餌生物（イカ，イワシ，オキアミなど）の乱獲による資源枯渇や流し網の多用などによる混獲の

多発，③海洋汚染特に重油被害・プラスチックゴミ汚染の拡大，④観光による繁殖地の荒廃と繁殖活動の妨害（図7），などが主要なものとされてきた[10]。しかし，最近20年間，世界各地のペンギン生息地を複数回訪れた経験から考えられることは，豊かな南大洋を支えてきた既存の海流が流れを変えたり，海水面温度がじりじり上昇したり，極端な降雨や冬季の異常な寒冷化などによって，上記の人間活動（①〜④）によるダメージがより深刻化したり，それらが同時多発的に発生したりするようになっている可能性が否定できないことだ。すでに記したアデリーペンギン属の例以外にも，南アフリカのケープペンギン（図8），南米のフンボルトペンギン，マゼランペンギンなどの個体数減少や分布の急変の背景にも，複合的環境破壊・環境変化の進展があると考えられる[11]。

図7
南極（ロス海）**で海氷上にいるエンペラーペンギンをボートから観察・撮影する観光客**

南極を訪れる観光客は増加しており，最近は，大型ジェット機で直接棚氷上にやってきて，繁殖中の個体を撮影するツアーも登場した。

　最後に，野生個体群の保全と飼育下個体群の研究・保
全との連携が注目され，その成果に期待が集まっている
事実を指摘したい。2016年10月，ケープタウンで開か
れたPSGのワークショップでは，「ペンギン・レッドリ
スト」の主要項目の一つとして，18種の種別分析・評価
に加え，初めて「飼育下個体群」に関する情報と分析結
果が採用・検討された。別表1は，世界動物園水族館協
会（WAZA）が中心となり，六つの地域・国単位で各々
の連絡組織に所属するペンギン飼育・展示施設が所有す
るペンギンの種類と個体数とを集計した結果である

（2016年現在）。これによれば，現生18種中12種，総計
14,023羽の飼育下個体群が存在することになる。

　この数字をどのようにとらえるかについては，さまざ
まな見方があるだろう。ただ，フンボルトペンギンを例
にとれば，4,834羽という数字は，野生個体群（約
40,000羽）の12％にあたる。ケープペンギンについて
も，野生個体群（約50,000羽）の7.6％となる。この2
種に関しては，仮に野生個体群に致命的な事態が発生し
た場合，飼育下個体群は種の保全上，極めて重要な意味
をもつことになろう。フンボルトとケープの野生個体群

図10
SANCCOBのリハビリ
センター（救護施設）

ここには，治療中のケープペ
ンギンに遊泳訓練をさせるた
めのプールがある。このよう
な施設建設と管理には，動物
園・水族館など飼育施設の技
術や経験が応用されている。

が近年急減していることを勘案すれば，日本国内で飼育
されているフンボルト（2,500羽）とケープ（1,861羽）
には，種の保全上，特段の注意が払われる必要がある。
　実は，飼育下個体群の重要性や，野生の保護区・保護
団体と飼育施設との協力・連携については，すでに
1980年代からさまざまな努力が重ねられてきた（図9，
図10，図11）。たとえば，IUCNはSSC内に「飼育下繁
殖専門家集団（CBSG）」を組織し，希少生物の繁殖・救
護・保全技術の研究を推進するとともに，野生個体群の
研究・救護・保全活動に積極的に参加し支援してきた。

ペンギンについていえば，1992年，クライストチャー
チ（ニュージーランド）においてペンギンの「保護に関
する評価と管理計画（CAMP）」立案のためのワーク
ショップが開催された。ここでは，ペンギン全種の現状
分析をおこない，その後の管理計画について，野生個体
群・飼育下個体群を総合した視点から，専門家間での共
通認識醸成に努力がはらわれた。ペンギンCAMPは，
1996年には南アフリカ（ケープタウン）で，1998年に
はチリ（オルメウ）で開催され，それぞれ，ケープペン
ギンとフンボルトペンギンの保全について，現状認識と
その後の保全計画の方向性に関する討論を深めた。
IUCNのような国際組織によるペンギン保全とは別に，
各飼育施設（あるいはその設置自治体）と野生地の政府
や地方自治体とが直接国際協定を締結し，ペンギンの繁
殖や救護，治療技術，野生個体群の現状などに関して，
情報や技術を交換する事例が少しずつ増えている。

図12
塩ビ管で作られた特製「保定器」（動物を安定して確保するための道具）**を装着されるフンボルトペンギン**

手で直接抑え込むより，ペンギンにかかる負担が少ない。日本の動物園・水族館のスタッフは，このような工夫を日々重ねている。

　日本では，ペンギンの保全と研究を推進する目的で設立された民間団体（NGO）の「ペンギン会議（PCJ）」が仲介して，下関市海響館とチリ政府，埼玉県立子ども動物自然公園とチリ政府，上越市立水族博物館（「うみがたり」）とアルゼンチンのチュブ州政府との間で，ペンギンの研究と保全に関する国際協定が締結された。日本の飼育施設スタッフが現地を訪問し，さまざまな技術や情報を積極的に交換して，成果をあげている（図12）。これらの交流は，単に技術交換だけに止まらず，飼育下における教育普及活動の質的向上，野生地に救護・繁殖のための施設を建設・維持管理していく際のソフト面でのサポートなど，野生・飼育下双方に，新たなメリットを生じつつある。

　しかし，今一度，付表1にご注目いただきたい。この統計には，日本以外，アジア諸地域・諸国の記載がない。現在，アジア諸国では静かな「ペンギン・ブーム」が起

付表1

各地域・各国の「動物園・水族館協会」別 飼育下ペンギン個体群数 現状調査結果 (2016年)

各々の地域や国には，これらの協会に加盟していないペンギン飼育施設が複数存在する。また本文中でも述べたが，アジア（特に東アジア）の協会組織については日本だけしか調査されていない。筆者の推計では，この表以外に200以上のペンギン飼育施設が2,600羽以上の各種ペンギン（ただし表中のキタイワトビペンギンより上の12種のみ）を飼育・展示していると考えられる。

ペンギン英名・学名	各地域・各国の「動物園・水族館協会」名称						
	北米動物園・水族館協会	ヨーロッパ動物園・水族館協会	全アフリカ動物園・水族館協会	日本動物園・水族館協会	南米動物園・水族館協会	オセアニア動物園・水族館協会	合計
Adelie Penguin *Pygoscelis adeliae*	167	4	0	164	11	0	346
African Penguin *Spheniscus demersus*	943	1861	416	622	0	0	3842
Little Blue Penguin *Eudyptula minor*	100	0	0	30	0	261	391
Chinstrap Penguin *Pygoscelis antarctica*	158	26	0	91	0	0	275
Emperor Penguin *Aptenodytes forsteri*	31	0	0	22	0	0	53
Gentoo Penguin *Pygoscelis papua*	535	534	0	430	5	77	1581
Humboldt Penguin *Spheniscus humboldti*	405	2500	0	1872	57	0	4834
King Penguin *Aptenodytes patagonicus*	264	281	0	300	0	76	921
Macaroni Penguin *Eudyptes chrysolophus*	174	0	0	15	0	0	189
Magellanic Penguin *Spheniscus magellanicus*	263	120	0	400	63	0	846
Southen Rockhopper Penguin *Eudyptes chrysocome*	320	60	0	124	0	0	504
Northern Rockhopper Penguin *Eudyptes moseleyi*	31	95	9	106	0	0	241
Fiordland Penguin *Eudyptes pachyrhynchus*	0	0	0	0	0	0	0
Snares-Penguin *Eudyptes robustus*	0	0	0	0	0	0	0
Erect-Crested Penguin *Eudyptes sclateri*	0	0	0	0	0	0	0
Royal Penguin *Eudyptes schlegeli*	0	0	0	0	0	0	0
Yellow-Eyed Penguin *Megadyptes antipodes*	0	0	0	0	0	0	0
Galapagos Penguin *Spheniscus mendiculus*	0	0	0	0	0	0	0
飼育施設数	230	356	28	151	47	99	911

北米動物園・水族館協会（AZA），ヨーロッパ動物園・水族館協会（EAZA），全アフリカ動物園・水族館協会（PAAZA），日本動物園・水族館協会（JAZA），南米動物園・水族館協会（ALPZA），オセアニア動物園・水族館協会（ZAA）

きつつあり，最近10年間，特に東アジアで多数のペンギンを飼育・展示する施設が急増しているという情報がある。しかし，これらの国には，国内の飼育施設を統合する組織がほとんどないか，あったとしても複数存在したり機能していないことが実情のようだ。つまり，PSGの統計にはまだ重大な欠損があり，特にアジア諸国での飼育下個体群の実情や変動に関する把握が不完全なのである。これら「由来不明」・「実数不明」の個体群は，密猟や密売の温床あるいは誘因となる可能性が否定できない。野生個体群の人為的な減少につながる可能性を排除する意味でも，今後，地球規模での網羅的な「飼育下個体群」の調査・把握・検討が急務であろう。

[文 献]

1) PENGUIN BIOLOGY (Ed., Lloyd Davis and John T. Darby)(ACADEMIC PRESS, INC. 1990).

2) George Gaylord Simpson. Penguins Past and Present, Here and There (Yale University Press. 1976).

3) 上田一生. ペンギンは歴史にもクチバシをはさむ (岩波書店, 2006).

4) 新シリーズ 鳥たちの地球. NATIONAL GEOGRAPHIC ナショナル ジオグラフィック 日本版. 2018年 1月号 (日経ナショナル ジオグラフィック社, 2017).

5) ジョン・スパークス ＆ トニー・ソーパー. ペンギンになった不思議な鳥 (青柳昌宏, 上田一生・訳)(どうぶつ社, 1989).

6) The Penguins Ecology and Management. (Ed., Peter Dann, Ian Norman and Pauline Reilly)(Surrey Beatty & Pty Limited, 1995).

7) テュイ・デュ・ロイ, マーク・ジョーンズ, ジュリー・コーンスウェイト. 新しい美しいペンギン図鑑 (上田一生・監修/解説, 裏地良子, 熊丸三枝子, 秋山絵里菜・訳 (X・Knowledge, 2014).

8) Penguins NATURAL HISTORY AND CONSERVATION. (Ed., Pablo Garcia Borboroglu and P. Dee Boersma) (UNIVESITY OF WASHINGTON PRESS, 2013).

9) 前掲書 新しい美しいペンギン図鑑 pp.172–173.

10) 前掲書Penguins NATURAL HISTORY AND CONSERVATION pp.321– 324.

11) 前掲書Penguins NATURAL HISTORY AND CONSERVATION pp.211– 283.

⑤ 気候変動とペンギンの生態
──寒冷化／温暖化による海氷の変化との関連が明らかに

ペンギンは南極を代表する高次捕食動物である。南極の環境変動にペンギンがどう応答しているか，異なる時間スケールや種類でおこなわれた研究をレビューした。海氷に着目すると，海氷がある一定の量より多くなっても少なくなっても生存に不利に働いていそうだ。多すぎる海氷は繁殖や潜水の物理的な障害となる。その一方，少なすぎる海氷が，どのような生態的経路を通じてペンギンに影響を及ぼしているかは詳しくわかっていない。

國分 亘彦
Nobuo Kokubun

国立極地研究所 研究教育系生物圏研究グループ 助教

2003年，北海道大学水産学部卒業。2009年，総合研究大学院大学極域科学専攻博士課程修了，博士（理学）。オーストラリア南極局等での博士研究員を経て，2013年より国立極地研究所助教。大学院在学中より極域の環境と動物生態に興味を持ち，北極域，南極域で動物研究をおこなう。専門分野は，動物生態学，海洋生態学。

① はじめに

現在，気候変動とその生態系への影響が世界規模で注目されている。特に，地球規模の人口・産業活動の増加とそれに伴う CO_2 濃度の増加から，人間活動由来の気候変動とその影響についての理解が急務となっている[1]。海洋は，年間9,000万トンに及ぶ漁業活動の供給源となっているうえ[2]，世界規模の熱循環にとって大きな役割を果たしている[3]。気候変動の影響は特に高緯度地域で顕著に表れていることことから[4]，極域における海洋

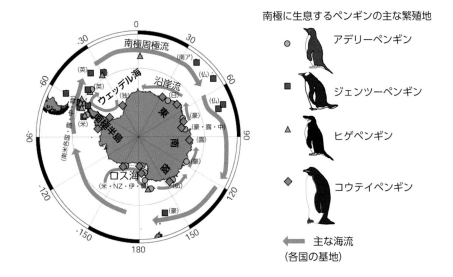

南極に生息するペンギンの主な繁殖地

- ● アデリーペンギン
- ■ ジェンツーペンギン
- ▲ ヒゲペンギン
- ◆ コウテイペンギン

← 主な海流
（各国の基地）

図1

**南極のペンギンの
生息域と地名**

南極のペンギンの主な生息地
を種類ごとに異なる色で示す。
灰色の矢印は主な海流，カッ
コ内は各国の基地の位置を示
している。

環境と海洋生態系変動メカニズムの解明は，環境学・海
洋学・生態学上の大きな課題になっている。

ペンギンは，南極の海洋生態系の指標種の一つとして
重要視されている。南極の海洋生態系の食物網が，海氷
―植物プランクトン―ナンキョクオキアミ―高次捕食動
物という比較的単純な構成要素から成り立っていること，
ペンギンの生態が環境や低次栄養段階のさまざまな変化
の影響を反映していると考えられること，ペンギンの個
体数や餌など，基本的な生態情報が，南極のあちこちに
点在する各国の基地の周辺でこれまで長期的に得られて
きていること，ペンギンの死骸や餌の痕跡が堆積物中に
残りやすいことなどがその主な理由である。ペンギンの
動向をモニタリングすることで南極の海洋環境変動や生
態系の応答をいち早く捉えようとする国際的な関心は高
い。本稿では，南極の環境変動とペンギンの生態につい
てレビューをおこない，これまでさまざまなレベルで明
らかになってきたことや，今後明らかにすべき課題につ
いてまとめたい。以下，複数の種名や地名が出てくるの
で，それらを図1にまとめた。またペンギンの生活史の

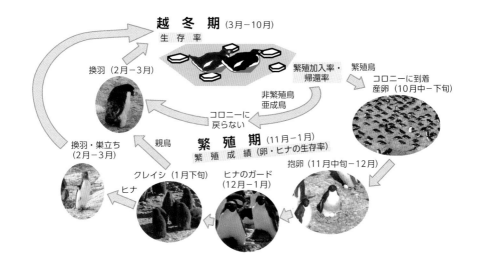

越冬期 (3月−10月)
生存率

換羽 (2月−3月)

繁殖加入率・帰還率　繁殖鳥

コロニーに到着　産卵 (10月中−下旬)

非繁殖鳥
亜成鳥

コロニーに戻らない

換羽・巣立ち
(2月−3月)

親鳥

繁殖期 (11月−1月)
繁殖成績 (卵・ヒナの生存率)

クレイシ (1月下旬)

ヒナ

ヒナのガード
(12月−1月)

抱卵 (11月中旬−12月)

うち，個体数変動を左右するような鍵となるポイントを図2にまとめた。

② 異なる時間スケールで見た ペンギンの環境応答

　南極の環境変動に対してペンギンを含む海洋生態系がどう応答するかを論じるうえで，時間スケールの観点は欠かせない。本節では，長い時間スケールから短い時間スケールまで，ペンギンが環境の変化にどう応答しているか，これまでわかってきたことを述べていこう。

　数千万年から数百万年というスケールに着目すると，大陸移動に伴う地球規模の環境変化とペンギンの進化の歴史を重ね合わせることができる。現生のペンギンの遺伝子解析や，南半球に散見されるペンギンの化石の年代から，どの時代にペンギンの種分化が進んだかを調べた研究がある[5]。それによると，現生ペンギンの属や現生種の分化が進んだのは，約4,000万年前にそれまで温暖

だった気候が全球的に寒冷化し始めた始新世末期，3,400万～2,500万年前にドレーク海峡が開通して南極周極流が形成され，南極大陸が孤立して徐々に寒冷化していった漸新世，さらに中新世中期（1,400万年前）以降の南極のさらなる寒冷化の時期と一致していた。ペンギンの種分化は，亜南極の島々や南米・オーストラリア・アフリカの各大陸，ニュージーランドにいくつかの種が取り残される形で進んだようだ。

　数万年から数百年というスケールに着目すると，氷期－間氷期サイクルとペンギンの生息適地の変遷の歴史を重ね合わせることができる。ペンギンは一般に同一のコロニーへの固着性が高いうえ，南極では乾燥と低温によって死骸などの痕跡が長時間分解されずに堆積物中に保存されるため，過去に遡ってペンギンの生息状況を確認できるからである。南極ロス海域の古い時代のコロニーの堆積物を調べた研究がある[6]。それによると最古で4万4,000年前のアデリーペンギンの骨が見つかった。この時代は一時的に氷床が後退していた時期にあたる。2万7,000年前より後，これらのコロニーは再び氷床で覆われた。次に同地域でペンギンのコロニーが形成されたのは最終氷期が終わって間氷期に入った8,000年前である。その後も一時的な寒冷期には，ペンギンの生息域が極端に縮小していた。これらのことから，ペンギンが南極大陸に広範囲に生息できたのは比較的温暖な期間であり，寒冷な時代にはペンギンは南極周辺の島しょや現在海底下にある露岩域に「避難」していたと考えられている。さらに，古いアデリーペンギンの骨から抽出されたDNA解析結果によれば，寒冷な時代の前後で遺伝子組成とその地理分布に顕著な変異がみられた[7]。したがって地球規模の寒冷化は，アデリーペンギンの生息域を制限するとともに，遺伝的分化を促す環境要因となったと考えられている。

数十年から数年というスケールに着目すると，人間が直接観測してきたペンギンの個体数や生存率，繁殖成績，行動パターンと，環境データとを関連づけて議論することができる。南極沿岸に点在する各国基地では，付近で繁殖するペンギンの数や巣立ったヒナの数のカウントによって，繁殖個体数と繁殖成績が調べられてきた。またペンギンにフリッパーバンド等のタグを装着して個体識別をすることで生存率や帰還率が調べられてきた。さらに近年では，ペンギンにデータロガーとよばれる小型機器を取り付けることで，越冬海域や夏季の繁殖中の行動パターンを調べる手法も急速に発達してきている（本書の2参照）。こういったペンギンの長期観測データは，海洋生態系の変動を反映する指標として注目されている。特にこの数十年間の南極の温暖化との関連性には関心が集まっている。このような背景にもとづいて，ペンギンの個体数変動や生態パターンと気象観測や人工衛星観測などによる長期環境データの相関から，南極の気候変動とペンギンの応答を探る研究が盛んにおこなわれている。ペンギンが繁殖地を離れている冬季に着目すると，南極の中でも一番寒冷な場所に生息するコウテイペンギンでは，東南極のコロニーで，冬季の温度が高く海氷の少なかった1970年代後半に親鳥の生存率が下がり，その結果，約50％個体数が減少した[8]。南極半島域のアデリーペンギンでも，越冬海域の冬季の海氷の張り出しと親鳥や巣立ち雛の生存率が相関していることがわかった[9]。いずれの例も，海氷の動向がペンギンの応答を考える上で大きな鍵となりそうである。次節ではさらに詳しく海氷とペンギンの動向の関連性を見ていこう。

　海氷の減少に代表されるような南極の気候変動の効果は一様ではなく，南極の中の地域によって異なる。この節では周極的に分布するアデリーペンギンに着目し，南極の中でも比較的温暖な南極半島域と，寒冷な東南極域の状況を比較してゆこう。南極半島は南極の中でも特に温暖化の顕著な場所である。たとえば45年で2.5℃にものぼる気温上昇，氷床の後退[10]，降水量の増加[11]が記録されており，海域では夏季の表面水温が1℃上昇し[12]，冬季の海氷期間が短縮している[13]。降水量の増加に伴ってペンギンの卵が雪に埋まったり，ヒナが濡れたりすることによる個体数の減少が報告されている[14]。またアデリーペンギンは海氷の長期的な減少と同期して繁殖個体数が減少し続けている[15]。

　一方，東南極では顕著な温暖化は観測されておらず，海氷の長期トレンドも海域によってまちまちである[4)16]。しかし東南極のアデリーペンギンは南極半島とは逆に，概ね増加傾向を示している[17]。さらに繁殖期間中も越冬期間中も，生息域の海氷がある程度少ない時にペンギンの繁殖成績や生存率が高くなることがわかっている[18)~20]。海氷の減少という共通の現象が，南極半島域と東南極で逆方向に働いていることをどう理解すればよいのだろうか。

　南極のさまざまな場所に生息するアデリーペンギンにとっては，生息に最適な海氷レベルがあり，それより海氷が多くても少なくても生存に不利にはたらくというモデルが提唱されている（模式図を図3に示す）[21]。海氷が多すぎると，それが潜水を妨げる物理的障壁となって潜水できる場所が限られたり，開放水面のある所まで長距離移動したりするためのコストがかかることになる。一方海氷が少なすぎると，夏季の植物プランクトンの種

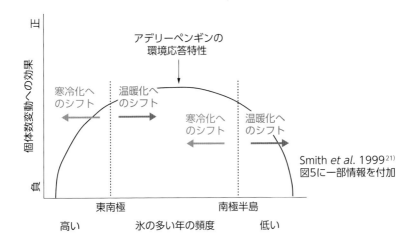

Smith *et al.* 1999[21]
図5に一部情報を付加

類の変化や量の減少[22]が起こり，それに伴ってペンギンの主な餌生物であるナンキョクオキアミが減少するというボトムアップ効果がはたらくと考えられている[15]。しかし特に温暖化が進んでいる南極半島域で，オキアミ資源の長期トレンドについては，数十年間で顕著に減少しているとする研究と[23]，顕著な減少傾向は見られないとする研究があり[24]，見解が分かれている。海氷の減少がどのような生態経路を通じてペンギンの生活史全般に負の影響を及ぼしているかという点は，今後解明されるべき大きな課題である。

　南極半島と東南極のペンギンの動向に関する興味深い点は，数百年のスケールで見ても，両者が逆方向の動向を示している点である[25]。図3の曲線と交わる2本の垂線をそれぞれ東南極域，南極半島域と仮定しよう。南極周辺で気候変動が起こった際，これらの異なる地域が，ペンギンにとっての最適海氷値を挟んで温暖側（右側）と寒冷側（左側）に平行移動していると考えると，両地域の異なる環境応答を理解しやすくなるだろう。

図3
南極の気候変動とペンギンの応答の模式図

4 種によって異なる
ペンギンの環境応答

　南極の気候変動が，さまざまな種類のペンギンに一様に作用しているかというと，そうではない。この節では南極半島域に同所的に分布するアデリーペンギン，ヒゲペンギン，ジェンツーペンギンの3種の環境応答を比較していこう。近年，南極半島域ではこれらの3種類のうち，アデリーペンギンとヒゲペンギンが概ね減少，ジェンツーペンギンのみが微増している[26]。温暖化という共通の現象が，異なる種類のペンギンに逆方向に働いていることをどう理解すればよいのだろうか。これを理解するためには，個々の種類の利用する海域やその環境を明らかにする必要がある。

　筆者らはGPS-深度データロガーを用いて，同所的に生息するヒゲペンギンとジェンツーペンギンの採餌場所とその特徴を調べた[27]。その結果，繁殖期間中，ヒゲペンギンが沖合の表層や中層のナンキョクオキアミを主に利用する一方，ジェンツーペンギンが沿岸の底層のナンキョクオキアミを主に利用しているという生態的分離が明らかになった。ナンキョクオキアミの資源動向が，表層と底層というハビタットレベルで異なるとすれば，これら2種の個体数動向の違いが説明できるかもしれない。しかしこういったペンギンの採餌ハビタットレベルでオキアミの資源動向を探った研究は今のところほとんどない。

　また，繁殖期間中ではなく，非繁殖期間中の利用海域の差がペンギンの体のコンディションや生存率を説明する上での大きな鍵となっているという指摘もあり[28]，環境応答の種間の違いの原因はまだはっきりとしていない。この疑問の解明のためには，ペンギンの種ごとに，生活史全般にわたって詳しく利用海域や行動パターンを調べ

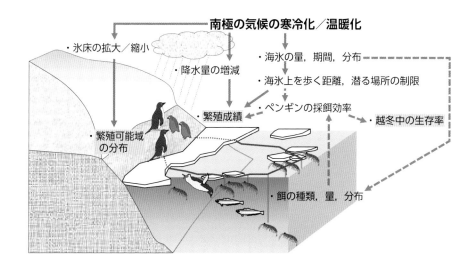

南極の気候の寒冷化／温暖化

・氷床の拡大／縮小

・降水量の増減

・海氷の量，期間，分布

・海氷上を歩く距離，潜る場所の制限

・ペンギンの採餌効率

・越冬中の生存率

・繁殖成績

・繁殖可能域
　の分布

・餌の種類，量，分布

る必要がある。

図4
**南極の気候変動が
ペンギンに与える影響**

実線の矢印はこれまでわかっ
てきた影響の経路，点線の矢
印はまだ詳細のよくわかって
いない影響の経路。

5 おわりに

　これまでにさまざまな時空間スケールで，南極の環境
変動がペンギンに与える影響を論じてきた（図4）。これ
らを簡略にまとめると，長短いずれの時間スケールでも，
低すぎる温度や多すぎる海氷は営巣や生存の物理的な障
害となってペンギンに悪影響を与えていそうなことがわ
かる。一方，温暖化が進んだ際のペンギンの応答は，南
極の中でも地域や種類によって様々であり，特に海氷が
減少した際の高次捕食者の餌利用可能性の変化について
は未解明な点が多い。この点は，今後南極の温暖化がさ
らに進んだ際に海洋生態系がどう応答するか，ある程度
確実に予測するためにも，今後解明してゆく必要がある。
　また，ペンギンの食性を長期間解析した研究によれば，
ペンギンの生態は，気候変動によるボトムアップ効果だ
けでなく，人間の捕鯨といった産業活動の盛衰によって

オキアミ資源の利用可能性が変化するというトップダウ
ン効果も受けているという指摘がある[29]。このような
トップダウン効果を，地域や種類ごとに詳しく検証する
ことも重要である。これらの課題解決には，ペンギンの
採餌行動を個体レベルで詳しく調べることのできるバイ
オロギング手法の利用や，彼らの行動範囲と合致するよ
うなスケールでの海洋調査が大きく役立つだろう。

［文 献］

1) Intergovernmental Panel on Climate Change (IPCC). *Climate Change 2013: The Physical Science Basis. Contribution of Working Group I to the Fifth Assessment Report of the Intergovernmental Panel on Climate Change.* (eds. Stocker, T. F., Qin, D., Plattner, G.-K., Tignor, M., Allen, S. K. *et al.* Cambridge University Press, Cambridge, United Kingdom and New York, NY, USA, 2013).

2) Food and Agriculture Organization of United Nations (FAO). *FAO yearbook. Fishery and Aquaculture Statistics 2016.* (Food and Agriculture Organization of United Nations, Rome, Italy, 2018).

3) Brocker, W. S. *Oceanography* **4**, 79–89 (1991).

4) Turner, J., Overland, J. E. & Walsh J. E. *Int. J. Climatol.* **27**, 277–293 (2007).

5) Barker, A. J., Pereira, S. L., Haddrath, O. P. & Edge, K.-A. *Proc. R. Soc. B.* **273**, 11–17 (2006).

6) Emslie, S. D., Coats, L. & Licht, K. A *Geology* **35**, 61–64 (2007).

7) Ritchie, P. A., Miller, C. D., Gibb, G. C., Baroni, C. & Lambert, D. M. *Mol. Biol. Evol.* **21**, 240–248 (2004).

8) Baubraud, C. & Weimerskirch, H. *Nature* **411**, 183–186 (2006).

9) Hinke, J. T., Trivelpiece, S. G. & Trivelpiece, W. Z. *Polar Biol.* **37**, 1797–1809 (2014).

10) Vaughan, D. G. & Doake, C. S. M. *Nature* **379**, 328–331 (1996).

11) Turner, J., Lachlan-Cope, T., Colwell, S. & Marshall, G. J. *Ann. Glaciol.* **41**, 85–91 (2005).

12) Meredith, M. P. & King J. C. *Geophys. Res. Lett.* **32**, L19604 (2005).

13) Stammerjohn, S. E., Martinson, D. G., Smith, R. C. & Iannuzzi, R. A. *Deep Sea Res. II* **55**, 2041–2058 (2008).

14) Fraser, W. R., Patterson-Fraser, D. L., Ribic, C. A., Schofield, O. & Ducklow, H. *Oceanography* **26**, 207–209 (2013).

15) Trivelpiece, W. Z., Hinke, J. T., Miller, A. K., Reiss, C. S., Trivelpiece, S. G. *et al. Proc. Natl. Acad. Sci. U. S. A.* **108**, 7625–7628 (2011).

16) King, J. *Nature* **505**, 491–492 (2014).

17) Southwell, C., Emmerson, L., McKinlay, J., Newbery, K., Takahashi, A. *et al. Plos One* **10**, e0139877 (2015).

18) Emmerson, L. & Southwell, C. *Ecology* **89**, 2096–2102 (2008).

19) Emmerson, L. & Sowthwell, C. *Oecologia* **167**, 951–965 (2011).

20) LeGuen, C., Kato, A., Raymond, B., Barbraud, C., Beaulieu, M. *et al. Glob. Change Biol.* **00**, 1–15 (2018).

21) Smith, R. C., Ainley, D., Baker, K., Domack, E., Emslie, S. *et al. BioScience* **49**, 393–404 (1999).

22) Montes-Hugo, M., Doney, S. C., Ducklow, H. W., Fraser, W., Martinson, D. *et al. Science* **323**, 1470–1473 (2009).

23) Atkinson, A., Siegel, V., Pakhomov, E. & Rothery, P. *Nature* **432**, 100–103 (2004).

24) Cox, M. J., Candy, S., de la Mare, W. K., Nicol, S., Kawaguchi, S. *et al. J. Crustacean Biol.* **38**, 656–661 (2018).

25) Huang, T., Sun, L., Wang, Y. & Kong D. *J. Paleolimnol.* **45**, 273–285 (2011).

26) Hinke, J. T., Salwicka, K., Trivelpiece, S. G, Watters, G. M. & Trivelpiece, W. Z. *Oecologia* **153**, 845–855 (2007).

27) Kokubun, N., Takahashi, A., Mori, Y., Watanabe, S. & Shin, H.-C. *Mar. Biol.* **157**, 811–825 (2010).

28) Hinke, J. T., Polito, M. J., Goebel, M. E., Jarvis, S., Reiss, C. S. *et al. Ecosphere* **6**, 125 (2015).

29) Ainley, D., Ballard, G., Blight, L. K., Ackley, S., Emslie, S. D. *et al. Mar. Mamm. Sci.* **26**, 482–498 (2010).

ペンギン・
レッドリスト
2019

作成にあたって
——レッドリストの意義と目的について

上田 一生 *Kazuoki Ueda*

ペンギン会議，IUCN・PSGメンバー（『ペンギン・レッドリスト』作成グループ）

　ペンギン保全に関する専門的・学問的探求の歴史的経緯については，既に本書の別稿に記したので，そちらをご確認いただきたい。ここでは，既存の『ペンギン・レッドリスト』をこのような形で改めてご紹介する目的と，ご利用にあたって留意いただきたいポイントについて，いくつか解説を加えておきたい。

　まず，『ペンギン・レッドリスト』なるものを国際自然保護連合（IUCN）が提示したのは，1988年が最初であった。この年，「絶滅の危険が高い」と評価されたのは，キガシラペンギン，ガラパゴスペンギン，フンボルトペンギンの3種だった。「現代ペンギン学史」でも記した通り，やはりこの年，ニュージーランドのオタゴ大学で開催された「第1回国際ペンギン会議」の席上，開催地であるニュージーランドの固有種，キガシラペンギンの危機に注目が集まった。これを機に，ペンギン全種の最新情報を把握し，専門家間で共有すると共に，ペンギン研究と保全活動を推進する機運を高めるために，基本的情報を随時公表していこうという認識が，国際ペンギン会議参加者間で共有されたのである。

　その後，1994年には「絶滅が危惧されるペンギン」は4種となり，2004年には11種に増加した。この間も，国際ペンギン会議は回を重ね，また，それ以外にもIUCNやいくつものペンギン関連NGOが主催する各種会合やワークショップが開催された。こうして，ペンギン保全に関心を持つ多くの関係者の国際的なネットワークが，30年の歳月を経て地球的規模で形成された。

　今や，『ペンギン・レッドリスト』は，Birdlife Internationalの専用サイト上で，常に更新され，公開されているので，誰もがいつでも具体的内容を確認できる。このような形に完成されたのは，2015〜2016年，IUCNの「種の保存委員会（SSC）」内に「ペンギン・スペシャリスト・グループ（PSG）」と呼ばれるペンギン研究者によって構成される専門部会が設けられてからのことである。筆者は，その立ち上げ時点から，PSGメンバーとして招聘され，国際ペンギン会議の仲間と共に，レッドリスト作成ならびに更新業務を続けている。

　今回，日本人研究者による初めての邦語論文集として本書を世に問うにあたり，ペ

ンギン研究の現状と野生のペンギンの現状とを如何に具体的にご紹介するかについて，改めて，編集者と共に考えた。その過程で，これまでのペンギン文献は，その多くが『ペンギン・レッドリスト』を参照しているものの，その内容の大部分を割愛し，簡単な一覧表や，ペンギン1種につき2ページ見開きでの定型化されたまとめの材料として利用しているに過ぎないことに，改めて気づいたのである。

　国際ペンギン会議や数々のペンギンに関する会合やワークショップは，実に多くの生々しい事例に満ち溢れている。研究者や保全活動スタッフ達が直接顔を合わせ，何日もかけて議論を重ねた結果，あのレッドリストが編まれているのである。そこには，ペンギンと人間が交錯する現場に長年立ち会ってきた者達の共感や熱い思いが織り込まれている。それを，1枚の表や，2ページほどのフォーマットに納めることに，どこか不自然さや理不尽なものを感じたというのが偽らざる感想だった。

　そこで，本書では，『レッドリスト』を窮屈な定型から解き放ち，可能な限り現場の空気を残しながら，原本により近い形で抄録することを試みた。従って，原本通り，記述内容や記述量・項目等は，ペンギンの種類によってばらつきがある。また，正規の論文やレポートとして既に公表されている情報はもちろん，未発表情報や研究者の個人的情報や見解等もできるだけ紹介した。

　とはいえ，以下の諸点については，本書の趣旨や容量を超える事柄もあるので，簡単にこの「抄録」の特徴をご説明したい。

⑴ **情報の公開性について**：国際ペンギン会議や一連のペンギンに関する各種国際会議の基本的姿勢は，「情報公開の原則に立つ」というものである。実際，国際ペンギン会議の内容も，『ペンギン・レッドリスト』も，全て詳細にネット上で公開されている。従って，『レッドリスト』について，さらに詳しく知りたい方は，ぜひBirdlife Internationalのサイトで原文（英文）をお確かめいただきたい。その際，1つご注意いただきたいのは，この情報を法的に定められた範囲を超えて使用されることのないよう，お気をつけ願いたい。これは，著作権のこともさることながら，野生の個体群への違法な撹乱や密猟あるいは不正な売買に利用しないでいただきたい，という意味でもある。野生動植物に関する詳細な最新情報は，いわば「諸刃のやいば」である。『ペンギン・レッドリスト』は，この情報が善用されることを前提としている。

⑵ **情報・内容の更新について**：先にも記したが，『レッドリスト』は常に更新されている。極端に言えば，「日々更新されている」とも言える。現在の形式にまとめられたのは，2016年10月だが，今回の「抄録」は，2019年11月現在の内容を基本としている。従って，筆者が直接関与している部分には，筆者が入手した最新情報やデータを盛り込んである。さらに，本書の発行以後も常に更新されるので，より新鮮な情報

が必要な場合には，上述した専用サイトでご確認いただきたい。ちなみに，PSGメンバーには，かなり頻繁に「News Letter」が送信されてくる。最も新鮮な情報については，筆者のオフィシャルサイトにコンタクトいただければお応えできる。

⑶ **本文中の典拠 (出典) について**：今回，「ペンギン・レッドリスト抄録」と題しながら，かなり詳細に出典を明記した。しかし，その出典の詳細については割愛している。出典をいちいち示したのは，その情報が如何に多種多様な関係者からもたらされたものかを，実感していただきたいからである。「現代ペンギン学史」でも述べたが，現在のペンギン学の潮流は，あくまでも実際の交流と協力とを尊重し実践する，という点にある。これが，第1回国際ペンギン会議以来，30年以上にわたって継承されてきたこの世界の共通認識である。報告者のいない情報はない。そして誰もが「報告者」になり，誰もが「実践者」になる。『レッドリスト』は単なる読物ではなく，保全活動を推進するための情報媒体なのだという意識を堅持していただきたい。ただし，全ての出典について，タイトル等の情報を納めるスペースは，残念ながら確保できなかった。それについては，上述した専用サイトでご確認いただきたい。

⑷ **最後に少し細かい話について**：まず，ペンギンの個体数表現について，簡単に触れておきたい。個体数が極度に減少している場合は，成鳥を一羽一羽個体単位でカウントする。例えば，「ガラパゴスペンギンの個体数規模は1,200羽」という表現になる。一方，個体数が多い場合には，繁殖つがい単位でカウントする。例えば，「ヒゲペンギンの総個体数は4,000,000つがい」となる。従って，ここには，まだ繁殖能力のない (つまり未成熟な) 若鳥は含まれていない。さらに，巣立ち前のヒナも含まれない。従って，実際の繁殖地で目にする光景と，個体数データとの間には，若干の相違があることを，念頭に置いていただきたい。

　次に，「3世代」という基準について。これは，大型動物の保全を考える際の一般的基準の1つでもある。特に，ペンギンの場合，「3世代」はだいたい10〜60年間に相当する。この「1世代」あたりの年数は，ペンギンの種類によって異なるが，一般的には大型の種類の方が比較的年数が長い。この数値は，長年にわたる繁殖生態の研究データに基づいて算出されたもので，同じ種であっても，繁殖地が異なれば，数値に幅ができる。

　さて，この『ペンギン・レッドリスト抄録』について簡単に述べてきたが，最後に1つだけ，つけ加えたい。この「抄録」を通じて，改めて「謎多き生きもの＝ペンギン」について，考えていただきたい，ということ。このユニークな海鳥は，私たち人間に何を語りかけているのだろうか？　この鳥と，ともに生きる世界をつくりあげていきたいと，いつも願っている。

表1 ペンギンレッドリスト一覧

和名	学名	英名	カテゴリー
キングペンギン，オウサマペンギン	*Aptenodytes patagonicus*	King Penguin	LC
エンペラーペンギン，コウテイペンギン	*Aptenodytes forsteri*	Emperor Penguin	NT
ジェンツーペンギン	*Pygoscelis papua*	Gentoo Penguin	LC
アデリーペンギン	*Pygoscelis adeliae*	Adelie Penguin	LC
ヒゲペンギン，アゴヒゲペンギン	*Pygoscelis antarctica*	Chinstrap Penguin	LC
ロイヤルペンギン	*Eudyptes schlegeli*	Royal Penguin	NT
マカロニペンギン	*Eudyptes chrysolophus*	Macaroni Penguin	VU
キタイワトビペンギン	*Eudyptes moseleyi*	Northern Rockhopper Penguin	EN
ミナミイワトビペンギン	*Eudyptes chrysocome*	Southern Rockhopper Penguin	VU
シュレーターペンギン	*Eudyptes sclateri*	Erect-Crested Penguin	EN
フィヨルドランドペンギン	*Eudyptes pachyrhynchus*	Fiordland Penguin	VU
スネアーズペンギン	*Eudyptes robustus*	Snares Penguin	VU
キガシラペンギン	*Megadyptes antipodes*	Yellow-Eyed Penguin	EN
コガタペンギン，フェアリーペンギン，リトルペンギン	*Eudyptula minor*	Little Penguin	LC
ケープペンギン，アフリカンペンギン	*Spheniscus demersus*	African Penguin	EN
マゼランペンギン	*Spheniscus magellanicus*	Magellanic Penguin	NT
フンボルトペンギン	*Spheniscus humboldti*	Humboldt Penguin	VU
ガラパゴスペンギン	*Spheniscus mendiculus*	Galapagos Penguin	EN

（「Bird Life」Webページを改変）。詳細は，〈http://datazone.birdlife.org/species/〉より，「penguin」で検索）

表2 IUCNのカテゴリーとWWF，環境省の呼称の対比

カテゴリー	略称	WWFの呼称	環境省の呼称
Extinct	EX	絶滅種	絶滅
Extinct in the Wild	EW	野生絶滅種	野生絶滅
▼Threatened		絶滅危機種	絶滅危惧
Critically Endangered	CR	近絶滅種	絶滅危惧ⅠA類
Endangered	EN	絶滅危惧種	絶滅危惧ⅠB類
Vulnerable	VU	危急種	絶滅危惧Ⅱ類
▼Lower Risk	LR	準危急種	
・Near Threatened	NT	近危急種	準絶滅危惧種
・Least Concern	LC	低危険種	（該当なし）
◆Data Deficient	DD	情報不足種	情報不足

キングペンギン, オウサマペンギン　◆英名：King Penguin

◆学名：*Aptenodytes patagonicus*　◆初出：Miller, 1778
◆レッドリスト・カテゴリー：低危険種 **LC**　◆個体数動向：増加
◆分布域（生息域・繁殖地の総面積）：9,220,000 km²　◆特定の国の固有種か否か：固有種ではない

◆**レッドリスト・カテゴリーの根拠**：この種の分布域は非常に広くかつ散在しているため，種としての存続可能性を判断する基準である繁殖地面積＝「20,000 km²」の範囲内に収まらず，しかも生息地や繁殖地のおかれた現状についても様々な特殊性があり一般化が難しい。つまり，各々の繁殖地の個体数と生息地面積との関係から，種としての存続の閾値を推計することができない。全体としての個体数は増加傾向にあると判断できるので，個体数的に種としての存続が危ぶまれる閾値＝「10年または3世代で10％を超える継続的な減少」にも該当しない。単一種としての個体数規模も非常に大きく，この点でも種としての存続可能性を判断する閾値＝「10年または3世代で10％を超える継続的な減少，または，特定の遺伝的傾向を持つと推定される10,000羽未満の成鳥からなる孤立した個体群」にも該当しない。以上の理由により，当該種の評価は「低危険種（LC）」と考えられる。

◆**分布と個体数の傾向**：キングペンギンには2つの亜種，すなわち，*A. patagonicus patagonicus*および *A. patagonicus halli* がある。両亜種は，南半球の亜南極域の島々で繁殖し，前者は，サウスジョージア（ジョージア・デル・スル）島では増加しつつある (del Hoyo *et al.* 1992)。また，フォークランド諸島（マルビナス諸島）やチリ南部 (Kush and Marsh 2012) にも小さなコロニーがあり，サウスサンドウィッチ諸島でも1ないし2つがいが繁殖を試みているという報告がある (Convey *et al.* 1999)。後者は，ケルゲレン諸島とクロゼ諸島（フランス領），プリンスエドワード諸島（南アフリカ領），ハード島，マクドナルド諸島およびマックォーリー島（オーストラリア領）で繁殖している。

　個体数は，過去10年間，安定しており，総個体数は160万つがい前後 (1,584,320〜1,728,320つがい) と推定されている (Bost *et al.* 2013)。主要な繁殖地としては，サウスジョージア450,000つがい，フォークランド諸島1000つがい，プリンスエドワード島2,000つがい，マリオン島65,000つがい，クロゼ諸島611,700〜735,700つがい，ケルゲレン諸島342,000つがい，ハード島80,000つがい，マックォーリー島150,000〜170,000つがいがある。

　マリオン島では，2008・2009年〜2011・2012年の夏（12月〜1月）に繁殖するキングペンギンの数は平均69405 ± 3417つがいだった (Dyer and Crawford 2015)。プリンスエドワード島では，2008・2009年の夏には，2228 ± 117つがいだったと考えられる (Crawford *et al.* 2009)。従って，プリンスエドワード諸島では，年間約69,000つがいのキングペンギンが繁殖すると推定できる。ただし，マリオン島のキングペンギンの20％は一定の繁殖周期で繁殖せず (van Heezik *et al.* 1994)，全体の個体数は90,000つがいほどである (Deyr and Crawford 2015)。マリオン島では，冬の終わり（9月または10月）まで一定数のキングペンギンのヒナが，1987年〜2011年までの24年間，常に生き残り続けた。生存したヒナの数の平均は，51,900 ± 21,715羽であり，長期的にヒナの数が減少しているという有意な傾向は見られなかった (Crawford *et al.* 2009)。

◆**基本的生態上の特徴**：この種は，他の種に比べて繁殖期間が長く（14〜15ヶ月間），産卵期に同期性がない。従って，成鳥やヒナは，繁殖地周辺で長期間滞留する。キングペンギンは巣をつくらず，両足の上に卵をのせて抱卵する。また，嘴が届く範囲をなわばりとして確保する。食べものは，主に中型魚類だが，コオリウオのなかまや頭足類も捕食する。主に日中，水深160〜200メートルの海中で採食する。9月から11月に繁殖地にもどり，氷や雪に覆われていない海岸の緩斜面にコロニーを形成する。換羽期間は10月〜1月が中心。成鳥，若鳥（亜成鳥）の海中での主な捕食者は，シャチとヒョウアザラシであり，ナンキョクオットセイも時々，捕食者となる。陸上での，ヒナの主な捕食者は，オオフルマカモメ，オオトウゾクカモメ，サヤハシチドリであり，小さなヒナや衰弱したヒナ，卵を奪う (Bost *et al.* 2013)。

◆**主な脅威**：最新のシミュレーション研究によれば，海水面温度がキングペンギンの採食行動や採食海域に重要な影響を及ぼしていることが判明している。この研究によれば，南極収斂線（南極前線：APFともいう）が従来より南方に移動したため，少なくとも南インド洋のいくつかのキングペンギンの繁殖地では，餌生物が豊富な南極収斂線海域までの距離が遠くなり，採食量が減少している可能性が大きい (Peron *et al.*

2012)。IPCCの「気候変動モデル」によれば，APFは10年毎に10〜40キロメートル南に移動すると言われているので，より北に位置する繁殖地ほど南に位置する繁殖地よりも影響を受けやすいことになる。気候変動によってもたらされる脅威の深刻さは，一方では，最近のキングペンギンの個体数増加の原因となっている可能性もある。しかし，逆に，この脅威が続けば，比較的短期間で急激な個体数減少を引き起こす可能性も否定できない (Cooper et al. 2009)。

さらに，南半球の温暖化が進み，「正の南方振動：SAM（海水面温度の周期的上昇）」がより頻繁に発生するようになると，海水中の「撹拌層（波浪や水温上昇によって上下に撹拌される海水面の表層）」の水深（厚さ）がより深くなる可能性がある。撹拌層の変化と大気の変化との相関については未解明な部分があり，不確実性があるが，SAMの変化は，「海洋と大気の間の熱と炭素の交換メカニズム」を大きく変える可能性がある (Sallow et al. 2010)。この現象は，キングペンギンの主要な餌生物をより深い水深へと移動させ，それを追うペンギンたちにより深い潜水を強いる可能性がある (Peron et al. 2012)。さらに，食べものの不足は，成鳥の生存率を低下させる可能性がある (Olsson and van der Jeugd 2002)。1992年，マリオン島で未知の疾病により250〜300羽のキングペンギンが死亡したが，これも体力低下の結果かもしれない (Cooper et al. 2009)。

ヘリコプターの飛行によって，繁殖成功率が低下したり，繁殖に習熟したつがいを別の繁殖地に追いやる可能性があり (Cooper et al. 1994)，1990年には，マックォーリー島で航空貨物機の運用にともない多数のキングペンギンが死亡する事故が起きた (Rounsevell and Bins 1991)。人間活動による影響としては，これ以外にも，観光客増加の影響，科学者による頻繁な研究活動による影響，新たな研究施設建設の影響，漁業特にオキアミ漁拡大による影響等が考えられる (Moore et al. 1998)。また，重油流出事故は局地的なものであっても，深刻な打撃となる可能性がある。

移入動物は，繁殖地に限定的で低レベルの影響を与える可能性がある。ノラネコはヒナを捕食して繁殖成功率を低下させる可能性があるが，成鳥の死亡率には影響を与えない (Bost et al. 2014)。ただし，ネコの存在は極めて稀なので，ネコによる捕食が個体数減少の原因にはなりにくい。アルゼンチンハイイロギツネ（チリ）やチコハイイロギツネは，南米南部（パタゴニア）に多数生息しているが，これらはウサギの個体数をコントロールするため，ティラ・デル・フエゴ島に導入された (Jaksic and Yanez 1983)。キツネは，新たに形成された繁殖地や最近個体数が増加しつつあるキングペンギンの繁殖地で，ヒナの死亡率を上げるというレベルの影響を与えている (Godoy & Borboroglu 未出版データ)。キツネによる捕食の影響についての評価はまだ行われていないが，成鳥の死亡例が報告されていないこととコロニー全体の個体数が増加していることを勘案すると，重大な問題は起きていないと思われる。ウサギは，キングペンギン全個体数の内，無視し得る程度の個体に影響を及ぼす範囲にしか存在しないと考えられる。現在，ウサギは，マックォーリー島では根絶されており (Parks and Wildlife Service 2014)，過去にこの島で見られた植生の減少，侵食・地滑りによるキングペンギンへの影響 (Rounsevell & Bins 1991) は，再発の可能性が極めて低い。従って，ウサギによるキングペンギンの個体数減少への影響は少ないと考えられる。

◆進行中の保全活動：キングペンギンについては，現在，国際的研究が継続されているが，特別な保全活動は行われていない。しかし，キングペンギンの繁殖地への人間の来訪機会や人数は増加しており，そういう活動による圧力，外来種の侵入，感染症や疾病の増加を促す要因は存在する。また，繁殖地で活動する関係者は，全て適切なバイオセキュリティ管理を実施しているが，リスクは常に存在する。

◆これから期待される保全活動：定期的に繁殖地の調査を実施し，個体数の動向を監視すること。既存の将来予測モデルを常に改善し，将来的な個体数変動をより正確に予測できるようにすること。繁殖可能な個体群と亜成鳥個体群の海洋における生態と生活史を，より正確に把握すること。採食海域を正確にモデル化し，採食海域の分布を支配する変数（ファクター）を正確に把握すること。海水面温度が複雑に変化する中で，数年間分の採食活動をモデル化する。集団遺伝学を用いて，キングペンギンの分類学的多様性を検証すること。

なお，生息地および繁殖地の管理計画には，優れたバイオセキュリティ手順（2014年のオーストラリアでの基準等）が構築され，可能であれば「様々な疾病や感染症の発症」に適切に対処し，その感染拡大を未然に防止するために有効な戦略を規定する必要がある (Cooper et al. 2009, Waller and Underhill 2007)。

エンペラーペンギン, コウテイペンギン　◆英名：Emperor Penguin

◆学名：*Aptenodytes forsteri*　◆初出：Gray, 1844　◆レッドリスト・カテゴリー：近危急種 NT
◆個体数動向：不明　◆分布域（生息域・繁殖地の総面積）：11,600,000 km²
◆特定の国または地域の固有種か否か：南極の固有種

◆レッドリスト・カテゴリーの根拠：この種は, 現在予測可能な気候変動の影響によって, 次の3世代に
わたってある程度急速な個体数の減少が予測されるため,「近危急種（NT）」と評価できる。ただし, 将来
の気候変動がこの種にどのような影響を与えるのかについては, 多くの不確実性があることに留意する必
要がある。

◆個体数動向不明の根拠：2009年の衛星画像による調査（サテライト・センサス）では, 約238,000つが
いを含む46ヵ所の繁殖地が確認され, 総計約595,000羽の個体がいるものと推計された (Fretwell *et al.* 2012)。
それ以降, さらに7つの新たな繁殖地が発見され, 繁殖地の総数は53ヵ所となった (Fretwellからの個人
的情報提供による)。全個体数に関する新たな推計値は, まだ公表されていない。今後の調査で, さらに
新たな繁殖地が発見される可能性が否定できない。

◆現在推定し得る分布および個体数動向の仮説：Ainley等が2010年に行った分析によれば, 地球の対流
圏内の平均気温が産業革命前のレベルより2℃高くなると, 南緯70度以北に位置するエンペラーペンギ
ンの全ての繁殖地に悪影響が及び, 南緯67〜68度以北に位置する全ての繁殖地が失われる可能性が高い
と考えられる。この分析では, 2042年頃にそのようなことが起きると, 結論されている。この2042年と
いう年は, IPCCの第4次評価報告（AR4）で採用されている4種類の「気候変動モデル」全てで2℃の気
温上昇を超えると予測されている時期, すなわち2025年〜2052年の中間値近くにあたる。ちなみに,
この4種類の「気候変動モデル」を使用して, 最近数十年間にわたる南大洋（南極を中心とするその周辺海域）
の環境変化についてシミュレートし, 実際に収集された様々なデータと照合してみると, 両者は非常によ
く一致する (Ainley *et al.* 2010)。これを基礎に, これらのモデルを総合的に応用して, 2025年〜2052年まで
の南大洋の気候とエンペラーペンギンの生息地の変化, すなわち海氷の増減, 海氷の拡大時期, 海氷の密
度（集まり方）と厚さ, 風速, 降水（降雪）量と気温を予測した。その後, 過去の環境変化に対する当該種
の反応に関する歴史的記録を参考にしながら, 今後の予測が行われた (Ainley *et al.* 2010)。

　Fretwellらによる衛星画像を用いた個体数調査 (2012) によれば, 2009年の総個体数は, 南極圏内ギリギ
リに位置する南緯67度の9つの繁殖地（ここにいる約36,600つがい）を含めて, 約238,000つがいと推定
された。これらの繁殖地が受けるダメージと個体数変動に関する一般的傾向とを勘案して, Birdlife
Internationalは, 次の3世代（61年間）で, つがいの数が約27％減少すると予測している。しかし, 気象
に関する様々な変動要因が, エンペラーペンギンの将来の変化にどのような具体的影響を及ぼすのかにつ
いては, 不確実性がある。例えば, 繁殖成功率が減少するに従って, 繁殖個体（成鳥）の減少に歯止めが
かかるか否か, あるいは気候変動による繁殖地の減少が成鳥の死亡率を上げるか否かについては, 予測が
難しい。エンペラーペンギンの繁殖地の移動は, 海氷が薄くなることによって制限されるし, 繁殖地に適
した安定し堅牢な「ファストアイス」を見つけることが難しくなるからだ (Ainley *et al.* 2010)。繁殖地は, 強
風によって吹き寄せられた浮氷がつくる氷の隆起部分に妨げられないように, より波打ち際に近い位置に
移動する可能性もある。ただし, このような現象の実際の観察事例は稀である。むしろ, 留意すべきこと
は, 海氷の喪失が単純に緯度勾配（緯度が高いほど海氷の喪失率が低い）を示すわけではないこと, さらに,
南極では温暖化は局所的だと度々主張されてきた事実だろう (Zwally *et al.* 2002, Turner *et al.* 2009, Trathan *et al.*
2011, Fretwell *et al.* 2012)。これらの不確実性を常に念頭に置きながら, 予防的な判断として, エンペラーペ
ンギンの個体数は次の3世代にわたり20〜29％減少すると予測したのである。

　エンペラーペンギンの繁殖地は, 南極圏内にしか存在しないが, それらは南極大陸に非常に近い地点か
ら海氷の端に近い地点まで, 広く分布している (Fretwell *et al.* 2012)。しかし, 繁殖地の少なくとも4分の3は,
温暖化の進行に伴って予測される海氷条件の変化に対して非常に脆弱であり, 5分の1は, 2100年までに
準絶滅する可能性がある (Jenouvier *et al.* 2014)。個体数減少には地域的なばらつきがあると考えられるが,
南緯70度以北に位置する繁殖地は, 今世紀末までに最大90％以上個体数が減少する確率が46％ある

(Jenouvrier *et al.* 2014)。

◆**基本的生態上の特徴**：エンペラーペンギンは繁殖地への定着性がなく，非繁殖期には南大洋を広範囲に移動し洋上生活をする。主に南極海で魚類と頭足類，オキアミを捕食する。南極大陸の海岸近くにある定着氷の端，あるいは海氷の端から最大200キロメートルの範囲内（に広がる海氷の上）に繁殖地がある。南極大陸上には1つだけ繁殖地があることが知られている (Robertson *et al.* 2014) が，繁殖期間中に大陸に一時的に上陸することもある。また，南極大陸で形成され海上に押し出した棚氷上を，一時的に繁殖地として利用するケースが4ヵ所知られている (Fretwell *et al.* 2014)。毎年，3月下旬から4月に繁殖地に到着し，5月〜6月に産卵，ヒナは12月〜1月にかけて巣立つ (del Hoyo *et al.* 1992)。

◆**主な脅威**：エンペラーペンギンは，現在考え得る気候変動の影響，主として風速の上昇（強風）や海氷の集まり具合（密度）・厚さの継続的かつ将来的な減少，ならびに気温上昇・降水（降雪）量増大など，気候変数の激しい変化という脅威にさらされている (Ainley *et al.* 2010)。エンペラー島の繁殖地は，1970年代の150つがいから1999年までの間に20つがいに減少し，かつこの時点で繁殖地はより内陸の南極大陸上に移動した。そして，2009年までに大陸上の繁殖地も消滅したが，この原因は，繁殖期間中に周囲の海氷が安定しなかったからだと考えられている (Trathan *et al.* 2011)。近年，南極海の海氷は，特に東南極で拡大した。2014年6月には，その範囲の海氷の総面積は，長期的な平均面積を200万平方キロメートル上回っていた。西南極の棚氷の融解による淡水流出量の増加と，ロス海域において南風（冷たい強風）が強まったことにより，南極周辺の海水面温度が低下した可能性が指摘されている (Fan *et al.* 2014)。あるいは，西風が強まったことにより，海氷の拡大が加速された可能性もある。しかし，フェレイラ等は，この現象はだいたい20年間くらいの短期的な現象に過ぎない可能性があり，長期的には，海氷の拡大は終息すると推定している（2015年）。南極は常に変化しているため，エンペラーペンギンの繁殖地も変化し続ける。1994年〜2003年にかけて，大陸周辺の棚氷からの陸氷の損失は，毎年25±64立方キロメートルの規模であると推計された。これが，2003年〜2012年にかけては，毎年310±74立方キロメートルに増加した。特に，南極大陸における最速温暖化地域として指摘されている西南極では，陸氷の損失率が70％増加した (Paolo *et al.* 2015)。従って，長期的には，エンペラーペンギンの繁殖地は，適切な環境が残された限定的な範囲内でのみ成立するか，最悪のシナリオでは，それすら不可能になるところまで，環境が悪化する可能性もある (Jenouvrier *et al.* 2014)。

　人間活動による直接的撹乱要因としては，南極の一部地域では，科学観測基地や飛行場に近いため，繁殖地に悪影響が生じている (del Hoyo *et al.* 1992)。観光客の訪問地域は，南極全体からみれば極めて狭い範囲に過ぎないが (J. Croxall 論文準備中)，観光活動による繁殖活動への影響についてはまだ確定的なことは言えない (Trathan *et al.* 2011)。これ以外の人間活動による影響としては，研究者による妨害，新しい科学研究施設建設の影響，オキアミ漁の影響が考えられる。コオリイワシ漁についても，将来的には影響が懸念される可能性がある。漁業経営者が，これらの生物を捕食しているほかの野生動物（エンペラーペンギンなど）の存在について適切に考慮し対応していない場合，オキアミ漁とコオリイワシ漁は脅威となり得る。重油流出事故は，それが小規模で限定的なものであったとしても，重大な脅威となり得る。海上での生息域の保全は重要であり，海上でのエンペラーペンギンの移動ルート，採食海域，回遊範囲などを適切に調査し適切に保全する必要がある。

◆**現在進行中の保全活動**：エンペラーペンギンは，国際的研究対象ではあるが，現在，特別な保護活動はない。一部の地域（南極特別保護地域）内では，人間による妨害活動が厳しく規制されている。

◆**提案されている保全活動**：定期的な個体数調査を実施して，個体数の動向を監視する。既存のモニタリング作業を改善し続け，将来的な個体数変動をより正確に予測する。環境の変化が，エンペラーペンギンの個体群にどのような影響を与えるのかについての理解を深めるために，このペンギンの基本的生態に関するさらなる研究を実施すべきである。南極海の海氷の厚さ，形成範囲，持続性，およびその他の環境変数を引き続き監視して，繁殖地をより適切に評価できる体勢を整える。予測される気候変動要因の研究について，国際的取り組みを継続する。

ジェンツーペンギン　◆英名：Gentoo Penguin　◆学名：*Pygoscelis papua*

◆初出：Forster, 1781　◆レッドリスト・カテゴリー：低危険種 `LC`　◆個体数動向：安定

◆分布域（生息域・繁殖地の総面積）：16,500,000 km²

◆特定の国または地域の固有種か否か：固有種ではない

◆レッドリスト・カテゴリーの根拠：この種の分布域は非常に広いため，種としての存続可能性を判断する基準である繁殖地面積＝「20,000 km²」の範囲内に収まらず，しかも生息地や繁殖地のおかれた現状についても，様々な特殊性があり，一般化が難しい。つまり，各々の繁殖地の個体数と生息地面積との関係から，種としての存続の閾値を推計することができない。しかし，全体としての個体数の傾向は安定していると考えられるため，当該種は個体数的に種としての存続が危ぶまれる閾値＝「10年または3世代で30％を超える減少」にも抵触しない。さらに，単一種としての個体数の規模も非常に大きく，この点でも種としての存続可能性を判断する閾値＝「10年または3世代で10％を超える継続的な減少，または，特定の遺伝的傾向を持つと推定される10,000羽未満の成鳥からなる孤立した個体群」にも該当しない。以上の理由により，当該種の評価は「低危険種」と考えられる。

◆個体数および個体数動向，分布傾向とそれらの根拠：全個体数は，成鳥774,000羽と推定されている (Lynch 2013)。また，全体として，総個体数は安定していると推定できる。

　フォークランド（マルビナス）諸島では，モニタリングが毎年実施されており，その結果，10年間〜12年間周期での大きな個体数規模の変動に関するデータが蓄積されつつある (A.Stanworth 個人的情報)。個体数増減について言えば，1932〜33年の繁殖シーズンから1995〜96年の繁殖シーズンにかけては45％減少したが (Bingham 1998)，その後は，明確な安定期に入り (Trathan *et al*. 1996, Bingham 2002, Clausen and Huin 2003, Crawford *et al*. 2009, Forcada and Trathan 2009)，大きな個体数減少は見られない。個体数の変動傾向は過去13年間プラス（増加）であり (Crofts and Stanworth 2016)，過去25年間についても全体的にプラス傾向となっている。現在の繁殖つがいの推定数＝132,000つがいは，1932〜33年のシーズンに観察された数値＝116,000つがいを上回っている (Baylis *et al*. 2013)。南西大西洋海域の繁殖地に関する個体数調査によれば，70ヵ所の繁殖地の個体数データからシミュレートされた個体数変化率は，年間2.4％の平均増加率という結果だった (Lynch *et al*. 2012)。

　南極半島でも，ジェンツーペンギンの個体数は増加している (Lynch *et al*. 2008, Ducklow *et al*. 2013, Lynch 2013)。特に，パルマー諸島では，1974年以降，地域内の個体数が1,100％以上増加した (Fountain *et al*. 2016, Fraser 2016)。ただし，一部の繁殖地では，継続して同じ繁殖地に戻ってくる個体数が年によって大きく変動することが明らかになり (Fraser 未発表情報)，以前よりも増加率が低下している可能性がある。

　亜南極域内に散在する島々にある繁殖地では，個体数が大幅に減少した可能性がある。サウスジョージア諸島のバード島では，25年間で約67％減少 (Croxall 個人的情報)，プリンスエドワード諸島のマリオン島では，1994年〜2012年の18年間で52％減少 (Deyr and Crawford 2015) した。ただし，一部の繁殖地では，個体数が安定または増加しているという情報もある (Forcada and Trathan 2009, Lynch 2013, Dunn *et al*. 2016)。とはいえ，マリオン島 (Crawford *et al*. 2014)，ハード島とケルゲレン島 (Lescroel and Bost 2006)，およびインド洋南西部の島々にある繁殖地では，現在も個体数が減少し続けている可能性がある。増加の原因は不明だが，海域内での食物連鎖の変化に起因している可能性がある。

◆分布と個体数の傾向：ジェンツーペンギンは，形態的な特徴からキタジェンツーペンギンとミナミジェンツーペンギンという2つの亜種を持つ単一種だとされている。しかし，最近のミトコンドリアDNAを用いた分類研究によれば，インド洋と大西洋に分布する個体群の間には，かなり深い遺伝的差違があることがわかっている。現在，遺伝的には，少なくとも3つの異なる遺伝形質をもつグループ（クレード）が知られており，大西洋の亜南極海域と南極海域に2つのクレード，インド洋の亜南極海域にもう1つ別のクレードが分布していると考えられている (de Dinechin *et al*. 2012)。とはいえ，ジェンツーペンギン全体としては，南極半島のフィッシュ島（南緯66度01分）(Fraser 未発表)からクロゼ諸島（南緯46度00分）(Lynch 2013)に至る南半球の高緯度帯にある島々や南極半島に，南極を取り囲むような形で繁殖地が分布している。

　個体数の全体的傾向については，繁殖個体数が毎年大きく変動するため，確定的なことが言えない。総

個体数は，387,000つがいだと推定されており，特に，繁殖地分布の高緯度帯で個体数が増加している可能性が高い (Lynch 2013)。全個体数の80％を以下の3つの主要な繁殖地が占めている。フォークランド（マルビナス）諸島には，約84ヵ所の繁殖地があり132,000つがい (Baylis et al. 2013)，サウスジョージア諸島のサウスジョージア島とサウスサンドウィッチ島に98,867つがい (Trathan et al. 1996)，南極半島（サウスシェトランド島含む）に94,751つがい (Lynch et al. 未発表) が確認されている。これ以外には，ケルゲレン島に30,000〜40,000つがい (Weimerskirch et al. 1988)，クロゼ島（フランス南方領土）に9,000つがい (Jouventin 1994)，ハード島（オーストラリア領）に16,574つがい (Woehler, 1993)，サウス・オークニー島に10,760つがい (Lynch et al. 未公開データ) マックォーリー島（オーストラリア領）に3,800つがい，サウスサンドウィッチ諸島に1,572つがい(Convey et al. 1999)，プリンスエドワード島(南アフリカ領)に1,000〜1,250つがい(Dyer and Crawford 2015)，アルゼンチン領のマルティージョ島とイスタス・デロス・エスタドスでも少数（100つがい未満)(Bingham 1998, Ghys et al. 2008) が確認されている。

◆基本的生態上の特徴：ジェンツーペンギンは，平坦な海浜部，または，サウスジョージアやフォークランド諸島に見られるようなタサック草が繁っている海岸，およびマリオン島に見られるような草原で営巣する。さらに，南の南極半島では，巣場所は，ふつう海岸部の砂利浜や乾燥したモレーン（岩が多い氷食地形）にある。繁殖地の面積は，他のアデリーペンギン属の2種（アデリーペンギンとヒゲペンギン）に比べはるかに小さく，最大の繁殖地でも約6,000つがいにとどまる (Lynch et al. 2008)。繁殖地周辺の海域に餌生物が豊富な時に合わせ，日和見的に採食し，主に甲殻類，小型の魚類，イカを捕食する。繁殖地に近い海域で採食する傾向がある。繁殖地への定着性はなく，非繁殖期は回遊する。しかし，非繁殖期の生息域については研究例が乏しく，詳細は不明である。現在判明しているところでは，繁殖地に近く，かつ海岸から遠くない海域を好むようだが，アデリーペンギンやヒゲペンギンに比べると，回遊範囲は狭いと考えられている (Tanton et al. 2004, Hinke et al. 2017)。

◆主な脅威：漁業との関係においては，漁網による偶発的な混獲と餌生物の乱獲が脅威となる可能性がある (Ellis et al. 1998)。ジェンツーペンギンは，トロール船団からの廃棄物を積極的に食べている可能性があり，混獲の影響を受けやすいので，採食海域が漁船の操業海域と重なっているいくつかの個体群に関しては，ゆっくりではあるが大幅な個体数の減少をひきおこす可能性が高い (Crawford et al. 2017)。将来，世界的に海洋漁業資源の獲得競争が激化すると予想されているが，それに伴って，混獲や乱獲による餌不足が原因で，ジェンツーペンギンの個体数が急速に減少する可能性が否定できない。また，フォークランド諸島周辺海域における石油資源探査活動の増加によって，この海域に生息するジェンツーペンギンへの影響が懸念されており (Lynch 2013)，原油もしくは重油流出による大規模または局地的な海洋汚染の脅威が差し迫った課題として意識される必要がある。

　歴史的に，ジェンツーペンギンの卵採集の慣習は，フォークランド（マルビナス）諸島全体に広まっており (Clausen and Putz 2002)，合法的な卵の採集は，まだ続けられている (Otley et al. 2004)。しかし，卵の採取は許可制となっており，島内でのジェンツーペンギンの総産卵数の1％を超えておらず(Croxall 未公開情報 2017)，厳しく制限されている。従って，種の減少をひきおこす原因とはならないと判断されている。2002年，海洋における有毒な藻類の異常繁茂によって，ジェンツーペンギンの大量死が起きた。これは，麻痺性貝中毒の原因ともなったが，それから数年かけて，ジェンツーペンギンの個体数は少しずつ回復した (Pistorius et al. 2010)。従って，藻類の異常繁茂は，今後も当該ペンギンの大量死をひきおこす可能性があり，総個体数の一部で急激な地域的・短期的個体数減少が発生する可能性がある。観光によるストレスが繁殖成功率低下の原因となるという研究があり (Trathan et al. 2008, Lynch et al. 2010)，観光関連の船舶の航行が，沿岸海域でのペンギンの採食活動に影響を与える可能性がある (Lynch et al. 2010)。ただし，観光客が訪れる主要な繁殖地，フォークランド（マルビナス）諸島，サウスジョージア諸島，イギリス領南極地域 (Croxall 未公開情報) では，そこに生息しているジェンツーペンギンの5％未満が，その影響を受けるに過ぎない。

　ジェンツーペンギンとスチュアートウは，餌生物にかなりの重複があり，マリオン島では，両種ともに減少している。これは，この島周辺海域の底生生物量の限界を超えて，餌生物の争奪が加速した結果だとの分析がある。従って，同様の可能性は，この両種が混在するプリンスエドワード諸島等でも考えられる

（Crawford *et al.* 2014）。陸上，海上での生息地の保全は依然として重要であり，海上での船舶の航路とペンギンの採食海域との重複を確認し，適切な保全策を講じる必要がある。

◆**進行中の保全活動および将来必要な保全活動**：いくつかの繁殖地で，長期監視プログラムが実施されている。また，繁殖地の長期モニタリングを継続・延長する必要がある。これによって，繁殖地への様々なストレスや妨害を最小限に止める効果が期待できる。また，ジェンツーペンギンのヒナは，留巣性が強い（長期間巣にとどまる）ので，繁殖地または採食海域での原油もしくは重油流出事故の発生と，これによる汚染の可能性を最小限に抑える必要がある。南極では，この地を訪問する人間に「ペンギンの5メートル以内に近づかない」というルールが定められており，全面立ち入り禁止の区域も設定されている。

　マリオン島のネズミ，フォークランド（マルビナス）諸島のキツネその他の移入捕食者コントロールを徹底する。また，繁殖地がある島内での疾病発生リスクを軽減するためのガイドラインが，アホウドリやミズナギドリの保全協定の中ですでに定められている。このガイドラインは，ジェンツーペンギンにも適用可能である。さらに，ジェンツーペンギンの繁殖地周辺では，漁業との関連を注視していく必要があり，特に重要な海域には「海洋保護区」の設定を考えるべきである。

アデリーペンギン　◆英名：Adelie Penguin　◆学名：*Pygoscelis adeliae*

◆初出：Hombron&Jacquinot, 1841　◆レッドリスト・カテゴリー：低危険種 LC
◆個体数動向：増加　◆分布域（生息域・繁殖地の総面積）：21,000,000 km²
◆特定の国または地域の固有種か否か：固有種ではない

◆**レッドリスト・カテゴリーの根拠**：アデリーペンギンの個体数は最近増加しており，特に東南極（全個体数のほとんどがここで繁殖する）とロス海および南緯66度の南極圏内ギリギリのところでの増加が目立つ（Lyver *et al.* 2014, Southwell *et al.* 2015）。しかし，コンピュータによる予測モデル・シミュレーションによれば，将来的には増加傾向は止まると考えられている。現在，総個体数は増加傾向にあり（lynch and LaRue 2014），種としての絶滅の懸念は小さいと評価できる。

◆**個体数と分布の傾向と根拠**：以前は，1990年代半ばまでに実施された個体数調査データを総合して，アデリーペンギンの総個体数は約237（±183,288）万つがい，すなわち繁殖能力のある成鳥の個体数は約470万羽だと考えられてきた（Woehler 1993, Woehler and Croxall 1997）。しかし，最近は，lynch と LaRua（2014）が，2006年から2011年の間に取得した人工衛星画像を解析した結果（サテライト・センサス），総個体数は約379万（352〜410万）つがいだと推定されている。これら2つの個体数調査の間には，1990年代半ばと2014年という20年間弱のタイムラグがあることを勘案しなければならない（Woehler 1993, Woehler and Croxall 1997, lynch and LaRue 2014）。つまり，増加した個体数の27％は既知の繁殖地での増加であり，32％は新しく発見または，以前は詳しく調査されていなかった繁殖地の個体数であることに留意する必要がある。東南極では，最近，直接現地で個体数調査が行われているが（Southwell *et al.* 2015），その結果，この地域では過去30年間の年間平均増加率が1.9（1.3〜2.4）％に達しており，30年間に総個体数が27％増加したことがわかった。

　最近の個体数増加は，ロス海を中心とする東南極やビクトリアランドを含むほとんど全ての繁殖地で確認されている（Southwell *et al.* 2015, Lyver *et al.* 2014）。また，南極半島南部，南緯66度より南の地域でも，個体数が増加している（Sailley *et al.* 2013）。一方，南極半島の北部（亜南極）では，数十年間にもおよぶ激減の後，一部の繁殖地では個体数が安定し始めたという新たな証拠がある（Fountain *et al.* 2016）。南極半島北部での個体数減少は，既に30年ほど前から報告されていた（Fraser *et al.* 1992）が，現在，この地域の個体数は実質的に増加に転じている（lynch and LaRue 2014）。いくつかの固有の不確実性はあるものの，気候変動モデルを適用した予測によれば，南緯70度以北に位置する繁殖地では，将来的に個体数が減少する可能性がある（Ainley *et al.* 2010, Cimino *et al.* 2016）という報告があることにも留意する必要がある。アデリーペンギンのカテゴリー評価については，近い将来，再検討が必要であろう。このような，個体数の予測し得る減少は，世界の対流圏内の平均気温が産業革命前のそれを2℃以上上回った場合，始まると考えられている。また，実質的な減少傾向は，それ以前の段階から始まる可能性もある（Ainley 未発表情報 2012）。しかし，流体力学的プロセスと生物学的プロセスとの相関を，相互に矛盾なくモデル化することには，まだいくつもの困難があり，アデリーペンギンの将来的な個体数変動予測には，まだかなりの不確実性が残っていると言わざるを得ない。

◆**基本的生態上の特徴**：アデリーペンギンは，南極沿岸の海岸部全体と，その近くにある島々で繁殖する。繁殖期が終わるとその場で換羽し，南極周辺の海氷海域で，小さな群あるいは単独で生活する。（Ainley *et al.* 2010）。雪や氷に覆われていない南極大陸や島の露岩地帯で営巣する。露岩地帯と海との間には分厚い海氷があることが多いため，繁殖地は海から離れ面積も広大なことが多い。一腹の卵数は2つ。つがいは雌雄が交代しながら抱卵する。主な餌生物はナンキョクオキアミ，小型の魚，頭足類等である。採食は，約150メートルほど潜水して行われることもあるが，ほとんどの潜水は水深50メートルほどである（Lyver *et al.* 2011）。

◆**主な脅威**：現在，総個体数は増加傾向にあり，過去数十年間にわたり激減してきた南極半島北部の個体数も，安定しつつある（Fountain *et al.* 2016）。コンピュータモデルによるシミュレーションでは，この傾向はしばらくは続くと予想されているが，気候変動が現在のようなリズムで進行すれば，アデリーペンギンの個体数変動の傾向は逆転する可能性がある。Ainleyらの分析によれば，地球の対流圏内の平均気温が産業革命前のそれを2℃以上上回るまでの間に，南緯67〜68度内にある全ての繁殖地が失われる可能性が

高いと考えられる。さらに，この分析によれば，2042年までに，南緯73度以南についても，全ての繁殖地が消滅する可能性が高いという。この2042年という年は，IPCCの第4次評価報告書（AR4）が4つの気候変動モデルの全てにおいて，対流圏内の平均気温が産業革命前のそれを2℃以上上回る時期として想定した2025年〜2052年のちょうど中央値辺りに相当する。南大洋における海水面温度の上昇という新しい環境変化に直面している海域や地域に近い繁殖地では，個体数が減少傾向にある (Ainley *et al.* 2010)。これは，近い将来，この新たな環境変化が，アデリーペンギンの全体的な個体数減少を引き起こす新たな原因となり得ることを意味している (Cimino *et al.* 2016)。また，アデリーペンギンの移動（氷上と海上）距離の増減や冬季の生存率についても，低緯度海域における海氷の減少によって悪影響を受ける可能性がある (Ainley *et al.* 2010, Ballard *et al.* 2010, Hinke *et al.* 2014)。ただし，これまでは南極での温暖化は局所的であったため，海氷減少が単純に緯度に反比例して加速されていくとは考えにくい (Zwally *et al.* 2002, Turner *et al.* 2009, Trathan *et al.* 2011, Fretwell *et al.* 2012)。夏季（繁殖期）の間，繁殖地は激しい降雪と強風（ブリザード）の発生率増大の悪影響を受ける可能性がある (Fraser *et al.* 2013)。これらの可能性については，常に最新のモデル研究や気候変動に関する様々な研究結果を参照しつつ，進行中の気候変動とそれに対するアデリーペンギンの個体数変動との相関を，定期的に情報交換することが不可欠だろう。

　南極にある各種観測施設への人間の移動方法，すなわち車輌や航空機の接近によって，アデリーペンギンはその影響を受けやすくなっている (Culik *et al.* 1991)。例えば，1989年にはパーマー基地近くで石油パイプラインから重油が流出する事故があり，この時には，その付近のアデリーペンギンの繁殖地で16％の個体数減少が見られた (Croxall 未発表情報 2017)。将来，重油事故の可能性は常にあり，また同様の地域的規模の事故が起きる可能性も否定できない。

　繁殖地近くに観測基地がある場合，繁殖に適した地域の確保が難しくなったり，繁殖地に人間が頻繁に立ち入ったり，輸送機の離発着によって，繁殖活動が妨害されたり，個体数の減少を引き起こしたりしたことがある (del Hoyo *et al.* 1992)。しかし，ラジオトラッキングによる調査によれば，このような繁殖地周辺の環境変化に起因する繁殖活動の攪乱は，限定的であることが知られている (Bricher *et al.* 2008)。人間活動の影響としては，観光客，研究者，新施設の建設工事，漁業特に企業的ナンキョクオキアミ漁が指摘されている。オキアミ漁管理者が，南極海域の生態系に関して適切な配慮を行っていない場合，オキアミ漁は脅威となる (Agnew 1997)。しかし，南極海での各種漁業は，CCAMLR：南極条約によって規制されており，アデリーペンギンの総個体数に大きな影響を与える可能性は低い (Croxall 未発表情報)。陸上および海上での繁殖地・海域の保全は依然として重要であり，特に，海上では船舶の航路，採食海域ならびに回遊海域が保護されている。

◆**進行中ならびに今後必要とされる保全活動**：アデリーペンギンは，最も徹底的に研究された種の1つであり (del Hoyo *et al.* 1992)，南極域全体でこのペンギンに関する研究が展開されている。また，一部の繁殖地は保全地域内にある。ここでは，人間による繁殖活動の妨害や科学的研究活動が厳しく規制されている。個体数の動向について，監視を継続する必要がある。海氷の変動，ならびにそれに関連する気候変動の範囲と持続性の傾向を注意深く監視しなければならない。環境の変化や漁業等の人間活動がアデリーペンギンの個体数変動にどのような影響を与えるかについての理解を深めるために，当該種の生態に関するさらなる研究を推進すべきである。将来の環境変化をより正確に予測したり，その変化がアデリーペンギンの個体数変動に与える影響をより正確に予測できるようにする。また，南極海での漁業，特に小型魚類とナンキョクオキアミ漁の潜在的な影響に関する研究を実施すべきである (Ainley 未発表情報 2012)。予測される気候変動による影響分析を促進するための国際的な共同研究を継続する必要がある。

ヒゲペンギン, アゴヒゲペンギン　◆英名：Chinstrap Penguin

◆学名：*Pygoscelis antarctica*　◆初出：Forster, 1781　◆レッドリスト・カテゴリー：低危険種 LC

◆個体数動向：減少　◆分布域 (生息域・繁殖地の総面積)：13,000,000 km²

◆特定の国または地域の固有種か否か：固有種ではない

◆レッドリスト・カテゴリーの根拠：ヒゲペンギンの分布範囲は非常に広いため，分布範囲サイズの基準では，種としての存続に関わる脆弱性の閾値 (繁殖地の分布範囲＝20,000 km²以下，分布範囲の減少または変動，生息地の範囲と環境的条件，あるいは個体数規模の極端な縮小，繁殖地の深刻な断片化等) に抵触しない。個体数の傾向は増加していると考えられるので，当該種は個体数の傾向に関する基準では，脆弱性の閾値 (10年または3世代で30％を超える減少) に抵触しない。また，総個体数は非常に大きいので，個体数規模の基準 (10年または3世代で10％を超える継続的な減少，または特定の個体数構造を有すると推定される10,000羽未満の繁殖能力のある成鳥しかいない) となる脆弱性の閾値にも抵触しない。これらの理由により，ヒゲペンギンは「低危険種 (LC)」と評価できる。

◆個体数および分布の傾向とその根拠：ヒゲペンギンは，餌生物＝ナンキョクオキアミ捕食の可能性拡大に伴い，20世紀半ばまでの間に，その生息範囲と個体数を増大させた (del Hoyo *et al.* 1992)。現在は，南極半島のほとんどの地域で減少しているが，南極半島南端では増加している。一方，サウスサンドウィッチ諸島の個体数は安定している (lynch *et al.* 2016)。これ以外のほとんどの繁殖地での個体数の傾向は不明である。

　ヒゲペンギンは，南極，サウスサンドウィッチ諸島，サウスオークニー諸島，サウスシェトランドおよびサウスジョージア島，ブーベ島 (ノルウェー領)，およびバレニー諸島で繁殖している (del Hoyo *et al.* 1992)。

　ほとんどの繁殖地の個体数情報は，不明または最近更新されておらず古いデータとなっている。例えば，総個体数の大半 (約1,500,000つがい) (Convey *et al.* 1999, lynch *et al.* 2016) が繁殖しているサウスサンドウィッチ諸島での個体数調査はごく稀に行われるだけである。他の重要な繁殖個体群は，サウスオークニー諸島にある (405,000つがい) (Ponset and Ponset 1985)。しかし，この数値はおそらく当該諸島の西端に関しては，過小評価だと思われる (Trathan 未発表情報)。また，サウスシェトランド諸島 (987,000つがい) (Trivelpiece 2013)，および西南極半島 (72,000つがい) (Trivelpiece 2013) でも，大きな繁殖個体群が確認されている。さらに，サウスジョージア島 (1,800つがい)，ブーヴェ島 (100つがい以下)，およびバレニー諸島 (100つがい以下) でも少数の繁殖つがいが確認されている (Trivelpiece 2013)。

　ヒゲペンギンの個体数変動の傾向は，特にその範囲と周期性について見ると，各々の繁殖地によって地域的相違が認められる。1800年代初頭から1900年代半ばまでに盛んだったオットセイとクジラの捕獲が，ヒゲペンギンの個体数が劇的に増加した原因だったことは間違いない。その後，1970年代にヒゲペンギンの個体数はピークに達したが，1960年代に始まった南極海でのコオリウオ漁の増加によって，全ての繁殖地に見られたわけではないものの，一部の繁殖地では，個体数の著しい減少が見られた (Croxall and Kirkwood 1979)。また，南極半島地域のヒゲペンギンに関して公表されたデータを用いた最新の研究によると，1980年代以降の推定個体数減少率は，毎年1.1±0.8％であるという報告がある (lynch *et al.* 2012)。

　ただし，以上の傾向は，全ての繁殖地で見られるわけではない。例えば，南極半島地域におけるヒゲペンギンの繁殖地分布の最南端にあるパーマー諸島では，1974年にはわずか2,000羽ほどの初期個体数しか見られなかったが，2016年には約10,000羽に増大した。この個体数増加には，既存の繁殖地の個体数増加と，新たに発見された繁殖地による個体数増加の両方が含まれる (Fraser 2016)。注目すべきことは，この地域では海氷の大幅な減少が見られたにも拘わらず，ナンキョクオキアミの明らかな個体数減少がなかったということである (Steinberg *et al.* 2015)。ヒゲペンギンの個体数は，サウスサンドウィッチ島でも安定していると考えられる (lynch *et al.* 2016)。

◆基本的生態上の特徴：ヒゲペンギンは，主として海氷が張りつめている海域で見られる。主な餌生物のほとんどは，ナンキョクオキアミだけであるが，小型の魚や甲殻類を食べることもある。海中で餌生物を捕食する際には，深度70メートルまで潜水することもあるが，普通は45メートルよりも浅い海中で獲物を追う。陸氷がなく，大きな岩が多い露岩地帯で繁殖し，数百〜数千羽の大きな繁殖集団を形成する (del Hoyo *et al.* 1992)。冬季 (非繁殖期) の移動は広範囲に及ぶ可能性があり，ほとんどの時間を洋上で過ごし，

海氷の低緯度サイド，つまり海氷の末端部に集中している可能性が高い。

◆**主な脅威**：気候変動は，現在および将来，ヒゲペンギンにとって最大の脅威となる可能性がある。気候変動は，ナンキョクオキアミの豊かさと分布に大きな変化をもたらすことによって，ヒゲペンギンの繁殖成功率に大きな影響を与えると考えられる (Trivelpiece et al. 2011, Clucas et al. 2014)。しかし，今のところ，気候変動の影響は，繁殖地の一部に限定されていると考えられている (lynch et al. 2016)。生息地環境の変化に起因するナンキョクオキアミのバイオマスとしての可用性の変化は，ヒゲペンギンの多くの繁殖地で，個体数の急速な減少を引き起こしていると考えられる (Barbosa et al. 2012, lynch et al. 2012, Naveen et al. 2012, Dunn et al 2016)。さらに，拡大しつつあるナンキョクオキアミ漁業とヒゲペンギンの採食海域との間には，かなりの重複があるため，資源の争奪が生じる可能性がある。また，ナンキョクオキアミをヒゲペンギンがどのように捕らえているのかという問題を考えると，気候変動によって，オキアミがより捕まえにくくなっていると言える (Hinke 2017)。

サウスサンドウィッチ諸島のザヴォドブスキーとブリストルで，ヒゲペンギンの換羽中に火山活動が起こったことにより，周辺の繁殖活動に深刻な影響を与えた可能性があり，サウスサンドウィッチ諸島の繁殖地の個体数調査を継続する必要がある。多数のヒゲペンギンが火山の噴火によって死亡したことが裏付けられた場合，および，南極半島の他の繁殖地で個体数の衰退が明白になった場合，ヒゲペンギンを飼育下に置くことが許されている。

人間活動の影響としては，観光客，科学者，新しい科学的研究施設の建設に関わる業者の活動に，漁業によるプレッシャーを加える必要があるだろう。しかし，人間によるストレスにさらされているのは総個体数の内，ほんの一部だという認識を持つべきであり，現在，個体数レベルの変化に人間活動によるプレッシャーは加わっていない (Croxall 未発表情報)。

◆**進行中の保全活動および今後必要な保全活動について**：いくつかの繁殖地では，長期監視プログラムが実施されている。南極では，ここを訪問する人間に，ペンギンの5メートル以内に近づかないというガイドラインが制定され，立ち入り禁止地区も設定されている。

繁殖地の長期モニタリングを延長し，継続すること。ヒゲペンギン個体群のモニタリング調査には，毎年の個体数調査，採食生態や採食行動の研究，繁殖生態の研究，および個体数統計データ収集が含まれる。現在，これらの情報を随時入手できるのはサウスシェトランド諸島からのみであり，サウスオークニー諸島とパーマー諸島からは断続的な情報収集しかできない。サウスサンドウィッチ諸島で同様の研究活動を回復し，サウスオークニー諸島でも研究活動を活発化する。サウスジョージア島の繁殖地の北限から，ヒゲペンギンの南限の近い南極半島に沿ってデータを収集する。これらの主要な繁殖地の全てから，非繁殖期，すなわち冬季のヒゲペンギンの分布，採食に関する情報を収集する。繁殖地への人間活動に伴う妨害を，最小限に抑えること。陸上および海上での生息地や生息海域の保全は依然として重要であり，採食海域や回遊海域の船舶通過，採食および回遊海域全体を保全する必要がある。

ロイヤルペンギン　◆英名：Royal Penguin　◆学名：*Eudyptes schlegeli*

◆初出：Finsch, 1876　◆レッドリスト・カテゴリー：近危急種 NT

◆個体数規模：**1,700,000羽**　◆個体数動向：**安定**　◆分布域（生息域・繁殖地の総面積）：**160 km²**

◆特定の国または地域の固有種か否か：オーストラリアの固有種

◆レッドリスト・カテゴリーの根拠：ロイヤルペンギンは，現在，安定していると考えられている大規模な個体群を有している。しかし，3つの島に全ての繁殖地が近接しているので，付近の人間活動や突発的な事象の影響を受けやすく，確率論的な危険性が高い。とはいえ，現在，短期間で絶滅危惧種に該当するような差し迫った脅威はない。従って，当該種は，評価基準D2に基づき，絶滅危惧Ⅱ類（VU）として登録する要件をほぼ満たしている。

◆個体数推定の根拠：ロイヤルペンギンは，19世紀中，人為的・企業的に資源（ペンギン・オイル採取）として利用されたが，その後回復し，1984年から1985年にかけて，推定850,000つがいがマックォーリー島で繁殖した。個体数は安定していると考えられている。

◆個体数の傾向評価の根拠：個体数は安定していると考えられているが，これを科学的に裏付ける定量的分析はない（Garnett and Crowley 2000, Garnett *et al*. 2011, R.Gales 発表準備中 2012）。

◆分布と個体数：本種は，マックォーリー島と付近のビショップ島，クラーク島（どちらもオーストラリア領）の固有種である。しかし，他の亜南極圏内に位置する島々，例えば，サウスジョージア島やケルゲレン諸島など（Duriez and Delord 2012）では，小規模だがロイヤルペンギンではないかと思われる海鳥が目撃されており，マックォーリー島周辺以外の島でも繁殖する可能性があることを示している。

◆基本的生態上の特徴：海岸に近い，平坦で植生が少なく，岩が多い砂利浜に巨大な集団繁殖地を形成する。主な餌生物は，オキアミ，小型の魚，イカである。冬季には繁殖地の島を離れて回遊するが，回遊期間の具体的生態と回遊範囲については，不明である（Christidis and Boles 1994）。

◆主な脅威：最近になって，気候変動と疾病発症率の上昇が，ロイヤルペンギンの，深刻かつ数少ない種としての存続に関する脅威として特定された（Trathan *et al*. 2015）。気候変動による餌生物の増減に対する影響は，ロイヤルペンギンにとって長期的な脅威である可能性が最も高く，病気の発生は，当該種に対する新たな潜在的脅威となる可能性がある（R.Gales 2012）。この判断は，繁殖地がある島では，現在，極めて良好なバイオセキュリティー対策が講じられていることは確かだが，歴史的にみて，疾病が蔓延する可能性を否定できないからである。さらに，重油流出事故が，繁殖地周辺で起きる可能性があり，他の形態の海洋汚染，例えばマイクロプラスチック等の摂取はペンギンの死因になり得る。今のところ，これらの汚染による影響は無視できる程度だと考えられている（Trathan *et al*. 2015）。繁殖地がある島での観光や住民の活動によるペンギンへの影響は，個体数の大幅な減少を引き起こすとは考えられていない。人間が導入し野生化したネズミ，ウサギ，ネコについては，マックォーリー島内では，害獣撲滅プロジェクトの一環として，2014年に完全に撲滅された（Parks and Wildlife Service 2014）。亜南極諸島周辺での漁業も，この種に悪影響を及ぼす可能性があるが，ロイヤルペンギンは，繁殖期には，マックォーリー島付近の漁業が厳しく規制されている排他的経済水域で採食していることが分かっている（S.Garnett 2011）。マックォーリー周辺海域で，唯一許可されている漁業はハマグリ漁だけであり，規制が厳しいため，ペンギンの混獲は報告されていない（Crawford *et al*. 2017, Daley *et al*. 2007, Australian Fisheries Managment Authority 2018）。ロイヤルペンギンが回遊する繁殖期以外の時期には，他の漁業との間でなんらかの問題が生じる可能性はあるが，個体数に影響はなく安定していると考えられているため，混獲と餌生物の乱獲からの脅威レベルはないと判断できる（Trathan *et al*. 2015）。

◆進行中の保全と研究活動：オーストラリア政府は，ロイヤルペンギンを「近絶滅危惧種」と評価している。採食生態と繁殖生態に関する基本的研究は完了している。2016〜2017年に計画された総個体数調査を含む，繁殖つがいの規模と繁殖成功率に関するモニタリング調査は継続中である。野生化したネコは，2001年にはマックォーリー島から根絶され，齧歯類とウサギは，2014年に行われた「マックォーリー島害獣撲滅プロジェクト」（Parks and Wildlife Service 2014）の結果，根絶された。繁殖地に入る観光客は，混乱をさけるため，厳しく管理されている。

◆ 提案されている保全活動と研究活動：最新の個体数推計値を得るための追加調査が必要であり，数値の動向を注視していく必要がある。ペンギンがどれくらい海洋ゴミを摂取しているか，その摂取率と影響を監視する必要がある。また，漁業の影響についても引き続き，監視する必要がある。個体数統計学的パラメーター，特に，ロイヤルペンギンの様々な年齢層毎の生存率に関する調査が必要である。気候変動の潜在的な影響に関する調査が必要である。疾病対策として，マックォーリー島のバイオセキュリティー計画を立案する (Parks and Wildlife Service 2014)。

マカロニペンギン　　◆英名：Macaroni Penguin　　◆学名：*Eudyptes chrysolophus*

◆初出：Brandt, 1837　　◆レッドリスト・カテゴリー：危急種 **VU**　　◆個体数動向：減少

◆分布域（生息域・繁殖地の総面積）：18,700,000 km²

◆特定の国または地域の固有種か否か：固有種ではない

◆レッドリスト・カテゴリーの根拠：マカロニペンギンは，過去3世代（36年間）で，総個体数が急速に減少していると考えられるため，種としての脆弱性が懸念される。個体数減少の原因は確定できないが，気候変動と商業的漁業による乱獲で，餌生物が減少したり餌生物の争奪が激化している可能性がある。総個体数は，55ヵ所の繁殖地に少なくとも258の繁殖集団（コロニー）があり，繁殖可能な成鳥が630万つがいいると推定されている（Crossin *et al.* 2013）。主要な個体群は，クロゼ島（2,200,000つがい），ケルゲレン諸島（1,800,000つがい），ハード島（1,000,000つがい），サウスジョージア島（1,000,000つがい），マリオン島（290,000つがい）にある。

　現在把握されている推定総個体数630万つがいという数字（Crossin *et al.* 2013）は，旧来の推定値900万つがい（Woehler 1993, Ellis *et al.* 1998）に比べ約30％の減少となっている。サウスジョージア島では，1980年代には推定500万つがいがいたが，1990年代半ばには270万つがい，2002年には100万つがい未満に減少した（Trathan *et al.* 1998, Crossin *et al.* 2013）。火山活動により，マクドナルド島の約100万つがいからなる繁殖地が消滅したが，衛星画像で見る限りでは，未確認ながら再度定着しつつあるマカロニペンギンの姿が散見できる（Crossin *et al.* 2013）。ハード島の個体数調査（約100万つがい）では，いくつかの小さな繁殖集団内での個体数減少が見られた。マリオン島の個体数は，1994年〜95年の434,000つがいから2008年〜09年の2,900,000つがい（Crawford *et al.* 2009），2012年〜13年の267,000つがい（Dyer and Crawford 2015）へと，30％以上減少している。クロゼ島の状況については，1988年のジョヴァンタン以来個体数調査が行われていないため，最近の傾向は不明である。ケルゲレン島では，1962年〜2014年の間に，毎年約1.06％ずつ個体数が増加しており，それ以降は安定している（CNRS-CEBCの未発表データ）。南アメリカの個体数は安定している可能性があるが，データは僅かしかない（Oehler *et al.* 2008）。全体的に，急速かつ継続的な個体数減少が予測されている。

◆分布と個体数の傾向について：マカロニペンギンは，チリ南部，フォークランド（マルビナス）諸島，サウスジョージア島，サウスサンドウィッチ諸島を中心とする約55ヵ所の繁殖地において，少なくとも258の繁殖集団を形成して繁殖している（Crossin *et al.* 2013）。

　主に，サウスオークニー島，サウスシェトランド諸島，ブーヴェ島（ノルウェー領），プリンスエドワードおよびマリオン諸島（南アフリカ領），クロゼ諸島およびケルゲレン諸島（フランス南方領土），ハード島およびマクドナルド諸島（オーストラリア領）および南極半島，に主要な繁殖地がある。パタゴニア大陸棚海域には約25,000つがいがいると推定されており（Oehler *et al.* 2008, Kirkwood *et al.* 2007, Crossin *et al.* 2013），フォークランド（マルビナス）諸島の個体数は1000羽以下と推定されている（Stanworth Pers. Comm.）。残りは，チリにある少なくとも12ヶ所の繁殖地に分散しているが，その内，最大の繁殖地はディエゴ・ラミレスにある15,600つがいからなる繁殖集団である（Kirkwood *et al.* 2015）。

　冬季（非繁殖期）に実施されたテレメトリー研究（電波を利用した位置情報追跡）によれば，ケルゲレン諸島で繁殖したマカロニペンギンは，毎年，ある特定の海域に留まる強い傾向があるという結果を得た。これらのマカロニペンギンたちは，ほとんどの時間をインド洋中央海域（南緯70〜110度）の中のさらに狭い海域（南緯47〜49度）で過ごしていた。この海域は，南極収束線（南極前線）に一致する（Stanworth Pers. Comm.）。これとは対照的に，サウスジョージア島で繁殖したマカロニペンギンは，冬のほとんどの時間を，スコシア海に広く分散して過ごしていた（Ratcliffe *et al.* 2015）。

◆基本的生態上の特徴：マカロニペンギンは，海岸線を望む，平坦な岩場や斜面に営巣する。ほとんどの場合，波打ち際から標高差200メートルほどの高さまで，険しい崖を登り，崖の上にある比較的平坦な岩場に集まって巣をつくる。繁殖地の違いには関係なく，基本的繁殖周期は，第1卵と第2卵との産卵間隔が約2週間あるという特徴を持つ。繁殖地の多くは，マカロニペンギンだけでなく，他の多くの海鳥たちの繁殖地ともなっているため，植生に乏しい。

マカロニペンギンは，繁殖地から遠く離れた外洋を採食海域とし，通常は50メートルほどの水深で獲物を採っている。餌生物はオキアミが中心である (Marchant and Higgins 1990)。サウスジョージア島のマカロニペンギンは餌生物のほとんどがナンキョクオキアミだが，クロゼ島とケルゲレン諸島では比較的小さなオキアミ，端脚類，および小型の魚類など餌生物は多様である。また，抱卵期が終わると餌生物の種類や構成が変わり，魚類中心となる (Bost *et al.* 2009)。

　マカロニペンギンは，繁殖期の各ステージ毎に採食海域を変えている。例えば，抱卵期の場合，クロゼ島の個体群は南極収束線（南極前線）から遠く離れた潮境を採食海域としているが，サウスジョージア島とケルゲレン諸島の個体群は南極収束線海域を中心に採食している (Barlow and Croxall 2000, Bon 2016)。さらに，ヒナが成長するに従い，親鳥達は次第に大陸棚の縁または大陸棚上の海域で採食するようになり，特にヒナがクレイシ（ヒナだけの集団＝共同保育所）を形成する時期には，採食海域はより繁殖地に接近していく (Trathan *et al.* 2006, Barlow & Croxall 2002, Crossin *et al.* 2015, Bon 2016)。

◆**主な脅威**：気候変動は，最近のマカロニペンギンの個体数減少を説明する重要な潜在的要因である。大規模な環境変化，特に海水温の変化は，繁殖地の減少や移動，生息地の生態系への間接的な影響，マカロニペンギンの死亡率上昇や繁殖成功率の低下等の直接的影響を与える可能性がある。しかし，広範囲に分布する様々な繁殖地によって異なる反応が起こる可能性があるので，気候変動による影響の種類や程度については不明のままである。気候変動については，サウスジョージア島，バード島における個体数調査の結果，短期的・中期的には個体数増加につながる可能性が示されたが，個体数変化の主因は採食生態，特に採食海域の変化が減少を促進する要因であることが分かってきた (Horswill *et al.* 2014, 2016)。

　サウスジョージア島では，オットセイを中心とする海獣類との歴史的かつ継続的な餌生物争奪競争が，マカロニペンギンの個体数減少の主な脅威となっている。すなわち，過去数十年間で，この海域に生息するオットセイの個体数は，30,000頭から一気に3,000,000頭に激増し，この間，マカロニペンギンの個体数は逆に3,000,000羽激減したと考えられている (Barlow *et al.* 2002)。従って，プリンスエドワード島でも，オットセイの個体数が回復すると，餌生物の争奪競争が激化するだけでなく，オットセイによるペンギンへの捕食圧力が高まる可能性がある (Dyer and Crawford 2015)。アザラシの個体数の増加は，ペンギンへの捕食圧力増大には繋がらないが，ペンギン達が波打ち際から繁殖地へと移動する際の障害となり，繁殖集団の成長を阻害する可能性がある (Isaksen *et al.* 1997)。サウスジョージア島では，ペンギンを捕食するオットセイの数が少なく，アザラシによる捕食数が増加する以前にペンギンの個体数が減少するという懸念は少ないようである (Croxall 個人的情報)。オオミズナギドリは，ペンギンのヒナの捕食者となり得る。特に，ヒナが小さい時は，捕食率が高まる (Horswill *et al.* 2014, 2016)。

　商業漁業は，偶発的な混獲と餌生物の乱獲という点で，脅威となる可能性がある。冬季のペンギンの採食海域でのはえ縄漁業は，混獲による死亡率上昇の原因となっており (Dyer and Crawford 2015)，ナンキョクオキアミ漁は，企業がペンギンの採食量を勘案してオキアミ漁獲量の適切な管理をしていない場合，ペンギンの採食量を減少させる可能性がある。ノラネコ，ネズミ，ウサギ等の移入哺乳類は，多くの亜南極の島々に存在するが，マカロニペンギンへの影響については無視できる程度だと考えられている (Crossin *et al.* 2013)。マリオン島の繁殖集団では，これまで鳥マラリアやその他の未知の疾病が発生して以降，個体数の減少が進んだ (Cooper *et al.* 2009)。人間活動による影響としては，観光客・研究者等の活動，新たな科学的研究施設の建設，近海漁業による影響も懸念される。重油流出事故に関しては，それが地域的に限定されたものであっても，重大な影響を及ぼす場合がある。陸上および海上での生息地の保全は依然として重要であり，ペンギンが活動する海域での船舶の航行，ペンギンの採食海域および回遊海域を適切に保全する必要がある。

◆**進行中の保全活動と実施すべき保全活動について**：いくつかの繁殖地では，長期モニタリングプログラムが実施されている (Ellis *et al.* 1998)。繁殖地があるほとんどの島は，様々な種類の保護区として指定され保護されている。例えば，バード島とマクドナルド島は，世界自然遺産に登録されている。サウスジョージア島でのノネズミとイエネズミの駆除は完了しているが，その効果についてはまだ報告がない。

　全ての主要な繁殖地と繁殖個体群を調査または再調査し，非繁殖期の生態と分布についても調査する必

要がある。様々な年齢毎の性別および生存率に関する信頼し得るデータに基づいて，正確な個体数統計を完成する必要がある。繁殖成功率と採食生態に関するより詳細な研究に着手しなければならない。いくつかの繁殖地を選び，監視プログラムを実施し継続する必要がある。以下の地域，海域の個体群と繁殖地ならびに活動目標は特に重要である。① インド洋の繁殖地，特にクロゼ島とケルゲレン諸島で繁殖する個体群の現状と傾向に関する評価。② マカロニペンギンと餌生物が同じ海生哺乳類（特に海獣類）の内，最近個体数が回復しつつあるケースの及ぼす影響に関する評価。③ マカロニペンギンの餌生物を目的とする漁業の影響に関する評価。④ 生息地の環境変化がマカロニペンギンにもたらす具体的影響に関する評価。⑤ サウスジョージア島での個体数減少に関する追跡調査とその評価。⑥ 歴史的に見て遺伝的なボトルネック現象が起きているか否かに関する検討と評価。

　これ以外にも，生息海域における重油流出事故の頻度，海洋ゴミの摂取や投棄された漁網が絡まる事故の頻度を監視する必要がある。生息地住民による漁業との対立を監視すると共に，監視と問題解決の努力を強化すること。観光客の来訪による潜在的な悪影響に関する調査を実施する。移入動物を根絶しコントロールする活動を継続（例えば，マリオン島でのイエネズミ移入の可能性に関する調査）し，病気の発生とその影響について調査する必要がある。繁殖地がある島内で病気発生リスクを軽減するためのガイドラインは，アホウドリとミズナギドリの保全協定によって，既に開発されている。マカロニペンギンに関しても，このガイドラインを応用するべきであろう。さらに，気候変動の潜在的な影響に関する基礎研究を開始するべきである。

キタイワトビペンギン ◆英名：Northern Rockhopper Penguin

◆学名：*Eudyptes moseleyi* ◆初出：Mathews&Iredale, 1921

◆レッドリスト・カテゴリー：絶滅危惧種 **EN** ◆個体数動向：減少

◆分布域（生息域・繁殖地の総面積）：1,840,000 km²

◆特定の国または地域の固有種か否か：固有種ではない

◆レッドリスト・カテゴリーの根拠：キタイワトビペンギンは，その分布・生息範囲内全体で，過去3世代（30年）にわたって総個体数が急速に減少しているため，「絶滅危惧種（EN）」と評価されている。個体数減少の正確な原因はまだ不明だが，海水面温度の上昇，海洋汚染，持続不可能なレベルでの餌生物の乱獲，漁網による偶発的な混獲，および繁殖地に移入された捕食者の影響等が，総合的に関与している可能性がある。

◆個体数ならびに個体数傾向の根拠：総個体数は，約240,300つがいだと推定されている（Cuthbert 2013, Tdc and RSPB 非公開データ）。繁殖つがいの大半は，ゴフ島およびトリスタン・ダ・クーニャ諸島に分布している。2015年にはミドル島に68,000つがい，2006年にはゴフ島に64,700つがい，2015年にはナイチンゲール島に16,000つがい，2009年にインアクセッシブル島には54,000つがい，2015年にトリスタン・ダ・クーニャ島に3,600つがいが確認されている（Cuthbert 2013, Tdc and RSPB 発行データ）。インド洋のアムステルダム島とセントポール島の個体数は，1993年に，各々25,000つがいと9,000つがいと推定されている。主な繁殖地がある島々が絶海の孤島であるため，個体数の傾向はあまり明らかではない。しかし，個体数調査の結果は，総個体数が依然として減少していることを示している（Tdc & RSPB 非公開データ）。インド洋にある2ヵ所の繁殖地であるアムステルダム島とセントポール島では，1970年代初頭以降，平均すると，毎年，個体数が3～4％ずつ減少している（Tdc & RSPB 非公開データ）。全体として，最近の個体数モデルは，過去27年間で，キタイワトビペンギンの総個体数が57％減少したことを示している（Birdlife International 2010）。アムステルダム島では，過去3世代にわたる減少が74％に達した（CEBC-CNRS 非公開データ）。

◆分布と個体数の現状：キタイワトビペンギンは，南大西洋とインド洋の温帯に位置する島々に分布し，南緯37～40度に位置する7つの島で繁殖する。総個体数の約85％は大西洋に分布し，トリスタン・ダ・クーニャ諸島とゴフ島（セントヘレナ，アセッション，およびトリスタン・ダ・クーニャ英国海外領土）で繁殖する。残りの15％は，インド洋に位置するアムステルダム島とセントポール諸島（フランス領南方海外領土）で繁殖する（Cuthbert 2013）。これらの島々は，より南方に位置するゴフ島を除いて，全て亜熱帯収束帯内にある。繁殖期終了後，換羽を終えるとペンギン達は冬の回遊に出発し，次の繁殖期を迎え繁殖地に戻るまで，最長7ヵ月間を海上で過ごす（Cuthbert 2013）。キタイワトビペンギンの採食海域は，大西洋のナイチンゲール島とゴフ島で繁殖する個体群（Steinfurth *et al.* 未発表データ）およびアムステルダム島で繁殖する個体群（Bost 未発表データ）について調査されている。抱卵期間中，ペンギン達はナイチンゲール島とゴフ島の繁殖地から，各々800キロメートル，670キロメートル以上離れた海域で採食するが，孵化期以降の採食海域は，繁殖地から最大35キロメートル（ナイチンゲール島）と24キロメートル（ゴフ島）の範囲内に縮小する（Steinfurth *et al.* 未発表データ）。ナイチンゲール島とゴフ島の追跡データによれば，繁殖期が終わり，換羽を終えたペンギン達の海上での移動ルートは，ワルビス海に沿って東に伸び，南アメリカ大陸に向かって南アフリカ大陸棚上の海域（南緯21度，東経15度～西経42度）一帯に分散して活動していることが分かってきた。また，南極収束線より南方（だいたい南緯51度）に移動する個体群もある。ナイチンゲール島の繁殖個体群は，抱卵期および非繁殖期の回遊中には，採食海域を頻繁に変更するが，ゴフ島の繁殖個体群は，同時期に南方および南東方向に集中して採食や回遊を行う。アムステルダム島の繁殖個体群は，孵化期には平均230キロメートルの採食範囲内を回りながら餌生物を捕食するが，一部の繁殖活動中の個体は，集団繁殖地から410キロメートル離れた海域で採食する場合がある。しかし，繁殖活動中の親鳥達は，一般的には，自分の集団繁殖地に近い海域で採食し，集団繁殖地から8～80キロメートルの大陸棚上の海域を出ることはない（非公開データ）。アムステルダム島の成鳥は，繁殖期が終わり換羽を終えると，集団繁殖地から最大2,200キロメートル離れた海域で，ほとんど上陸することなく，南北方向に長距離移動を続ける。キタイワトビペンギンの大部分は，インド洋の中央部を南東方向に移動し，亜熱帯収束線の

南側の境界のさらに南方で採食し，海水面温度が非常に不均一で，クロロフィル濃度が高い深層水（水深3,000～3,000メートルからの湧昇流）が上昇してくる海域で回遊する (Thiebot *et al.* 2012)。

◆**基本的生態上の特徴**：キタイワトビペンギンの成鳥は，7月下旬から8月にかけて，繁殖地に到着する。大西洋の主な繁殖地は，ゴフ島，トリスタン・ダ・クーニャ島，ナイチンゲール島，アレックス島およびインアクセッシブル島にある (Cuthbert 2013)。インド洋のアムステルダム島とセントポール島では，波打ち際から海抜170メートルの岩山の上にかけて散在する急勾配の岩場や，緩やかに傾斜した岩場に営巣する。集団繁殖地は，砂利浜からタサック草が茂った海岸近くの草原等に広がっている。

キタイワトビペンギンには，特定の採食サイクルがなく，繁殖期と非繁殖期とで異なる採食海域を利用する。このペンギンの主な餌生物は，甲殻類であり，特にオキアミを好む。それ以外の餌生物としては，小型の魚類や頭足類がある (Tremblay *et al.* 1997, Booth and McQuaid 2013)。アムステルダム島のペンギンは，大量の甲殻類とイカを捕食していた (Tremblay and Cherel 2003)。トリスタン・ダ・クーニャ島とアムステルダム島における採食生態に関する研究の結果，亜成鳥の主な餌生物は甲殻類と頭足類であり，季節によってその組み合わせが変化することが分かっている (Tremblay *et al.* 1997, Booth and McQuaid 2013)。

◆**主な脅威**：キタイワトビペンギンは，歴史的に様々な資源として人間に利用されてきた。すなわち，卵は食用として採取され，換羽後の成鳥からはペンギンオイルが採取され，枕とマットレス用にダウン（綿羽）が採取されてきた。トリスタン・ダ・クーニャ島では，装飾用のテーブルマットを作るために，キタイワトビペンギンの綿羽が利用された。しかし，これ等の慣行は，1955年までにほとんど中止された (Hagen 1952, Wace and Holdate 1976, Richardson 1984)。卵の採取は，オリヴァにおける重油流出事故後，2011年には一時中断されたが，その後再開されたと思われる。しかし，卵の採取は，持続することは不可能だと考えられる。キタイワトビペンギンは，セントポール島（インド洋）およびトリスタン・ダ・クーニャ島（大西洋）を始めとする多くの島々で，カニ漁をする際の餌として利用されてきた (Guinard *et al.* 1998, Cuthbert *et al.* 2009)。繁殖地における漁業とイセエビ漁は，これまでキタイワトビペンギンの最も重大な死亡原因だった可能性がある (Ryan and Cooper 1991, Crawford *et al.* 2017)。漁業におけるキタイワトビペンギンの死亡率に関する記録がほんのわずかしか残されておらず (Ryan and Cooper 1991)，刺網漁もほとんど行われていないので，混獲は当該種にとって，それほど深刻な脅威ではないように見える。しかし，キタイワトビペンギンの採食海域内では違法な刺網漁が行われている可能性があり，監視の眼をかいくぐって混獲が発生している可能性が高い (Crawford *et al.* 2017)。それでも，混獲による被害は，総個体数から見れば，その減少に影響を及ぼす程の規模ではないと考えられている (Cuthbert *et al.* 2009, Cuthbert 2013, Cuthbert *et al.* 2017)。

2011年3月，貨物船オリヴァ号がナイチンゲール島で座礁し，その結果流出した燃料用重油は，30キロメートル以上離れたインアクセッシブル島とトリスタン・ダ・クーニャ島にも漂着した (http.www.tristandc.com)。これ等の島々がキタイワトビペンギンの主要な繁殖地であることを考えると，この重油流出事故でキタイワトビペンギンの個体群がどのような影響を受けるかという問題は，このペンギンの種としての存続に重大な影響を及ぼすと考えられる。総個体数は，2011年の重油流出事故による悪影響を受けていないように見えるが，繁殖成功率の低下につながる継続的な脅威が，今後，種としての存続を脅かす潜在的なリスクとなる可能性は否定できない。重油流出事故による総個体数への悪影響についてはまだ不明だが，これ等の島々の近くを通過する船舶の数が年々増加していることを勘案すると，慢性的な重油流出汚染のリスクは高まり続け，さらに壊滅的な流出のリスクも生じていると考えて良いだろう。

キタイワトビペンギンが餌生物を獲得できる可能性は，漁業，気候変動（主に海水面温度の上昇），アザラシの個体数増加，海洋食物連鎖の変化等によって損なわれた可能性が高い (Cunningham and Moors 1994, Guinald *et al.* 1998, Barlow *et al.* 2002, Hilton *et al.* 2006, Cuthbert 2013)。キタイワトビペンギンの総個体数の減少は，比較的大きな時空間スケールで進行しており，生態系レベルでは，おそらく海洋環境の変化が関与している可能性が高いと思われる (Hilton *et al.* 2006)。繁殖成功率の変動は，アムステルダム島周辺海域の海水面温度の変化と関係があることがわかっている (2006)。その海域の一次生産性（植物プランクトンや動物プランクトンの発生率）の低下と，南極収束線海域の温暖化による海水の低栄養状態への移行が，キタイワトビペンギンの個体数減少に関わっているといういくつかの証拠がある。ただし，繁殖地毎に様々な傾向

があり，気候変動による影響については，未確定な状況が続いている。

　移入動物によるキタイワトビペンギンの捕食に関して報告された唯一の事例は，トリスタン・ダ・クーニャ島とインアクセッシブル島での野生化したブタによるものである。ただし，トリスタン・ダ・クーニャ島では1873年に，インアクセッシブル島では1930年に野生化したブタは根絶された。飼い犬や野犬による捕食も，トリスタン・ダ・クーニャ島では報告されている (Birdlife International 2010)。移入されたハツカネズミによる被害もいくつかは見られるが，潜在的な可能性もあるものの，無視できる程度だと考えられている。

　アムステルダム島では，キタイワトビペンギンは鳥マラリアの脅威にさらされているが，その実際の影響については，不明のままである。ただし，現在，実情を調査中である。アムステルダム島では，個体数が他の繁殖地よりも急速に減少しているため，この疾病は深刻な脅威であり，個体数の減少率をさらに高めるリスクがある。

　2014年，フォークランド諸島で，初めてキタイワトビペンギンとミナミイワトビペンギンの交雑個体が確認された。交雑個体は孵化後，巣立ち前に死亡した。フォークランド諸島での交雑の影響は小さいと考えられる。

◆進行中の保全活動と今後期待される保全活動について：トリスタン・ダ・クーニャ島の住民の間では，島固有の動植物の脆弱性がますます深刻化していることへの懸念が広がっており，島全体の生態系を保全するための積極的な措置が講じられている。1976に制定されたトリスタン・ダ・クーニャ保護条例は，この島の自然の多様性を保全するために計画され，ゴフ島とその周辺海域を野生生物保護区と宣言した。この条例は，1997年にさらに修正され，インアクセッシブル島とその周辺海域が自然保護区に加えられた。現在，それらは英国海外領土にある2つの世界自然遺産の内の1つとなっている。最後に，生物多様性行動計画が採択され，農業天然資源局によって実施に移された。同局は，島で最初の保全担当官を任命した。4人の常勤スタッフを含む保護部を設置し，RSPB，JNCC，RSSZSおよび英国国際開発局の支援により，トリスタン・ダ・クーニャ島の主要な鳥の個体数を継続的かつ一貫した長期モニタリング計画の下に，調査できることになった。キタイワトビペンギンの歴史的な採取，例えば，イセエビ漁の餌としてキタイワトビペンギンを利用することや，流し網による混獲が禁止され，繁殖地は自然保護区として保全されている。さらに「在来生物および自然生息地条例」が2006年に制定された。トリスタン保全局は，最近では，周辺の島々で定期的に個体数調査を実施しており，キタイワトビペンギンの個体数規模と傾向とを推定するための重要なデータを提供している。ナイチンゲール島での保護活動においては，最近，ペンギンの主要な繁殖地の1つにオットセイが侵入し，繁殖活動中の親鳥を岩の割れ目に押し込んで死亡させるという状況が続いている。そこで，これ等の岩の割れ目をフェンスで覆う作業が行われている (Cuthbert 2013)。

　キタイワトビペンギンに対する最も重要な脅威を特定し，2017年に更新された保全措置を推進するため，国際種行動計画と一連の地域行動計画が2008年に立案された (Birdlife International 2010)。アムステルダム島とセントポール島は，2006年に設定された「フランス南部および南極地域国立自然保護区 (TAAF)」に含まれており，これ等の島の地表面全体とクロゼ島，ケルゲレン諸島，およびそれらの周辺海域の大部分がこの保護区に含まれている。

　キタイワトビペンギンに関しては，最近数十年間に個体数が大幅に減少したことで，深刻な懸念が高まっている。個体群動態の検討ならびに予測を支援するため，基礎的研究データと長期モニタリングデータを突き合わせる必要性が高まっており，当該種の保全に関する意思決定と持続可能な管理方式を検討していく上で，重要な役割を果たしている。従って，今後の調査計画立案にあたっては，キタイワトビペンギンの個体数変動に対する自然ならびに人為的脅威に関する潜在的な影響を評価し理解し軽減するために必要な，継続的個体数統計と長期モニタリングプログラムを確立する必要がある。これらの中には，例えば，ミナミオオフルマカモメ等の捕食者による死亡率，および移入動物，例えば，ハツカネズミ等による死亡率，ナイチンゲール島における卵の収奪，さらに疾病の影響についても調査が必要である。混獲を減らすために，地元の漁師の理解と協力を確かなものとしたり，住民と観光客への教育活動を強化する必要がある。キタイワトビペンギンが繁殖する島の管理計画を全て立案し，実施し，繁殖地の保全を強化する必要がある。

ミナミイワトビペンギン　　◆英名：Southern Rockhopper Penguin

◆学名：*Eudyptes chrysocome*　　◆初出：Forster, 1781

◆レッドリスト・カテゴリー：危急種 **VU**

◆個体数動向：**減少**　　◆分布域（生息域・繁殖地の総面積）：13,100,000 km^2

◆特定の国または地域の固有種か否か：**固有種ではない**

◆**レッドリスト・カテゴリーの根拠**：ミナミイワトビペンギンは，おそらく1世紀以上にわたり個体数が減り続けていたと思われるが，近年さらに急激な個体数減少が見られるので，「危急種（VU）」と評価されている。

◆**個体数ならびに個体数傾向の根拠について**：ミナミイワトビペンギン全体の野生個体群は，長期にわたり深刻な個体数減少に見舞われた。推定総個体数は，1942年～1986年までの間に，約150万つがい（1942年時点の総個体数の94%）が消滅したと考えられ（Cunningham and Moors 1994），1986年～2012年までの間にさらに残りの21.8%が減少した（Morrison *et al.* 2015）。フォークランド（マルビナス）諸島では，1932年～2000年の間に，1932年時点の総個体数の20%に相当する約120万つがいが減少した（Putz *et al.* 2003）。ステッティン島では，1998年と2010年に実施された個体数調査の間に，24%が減少していた（Raya Rey *et al.* 2014）。マリオン島では，1987-88年の繁殖期から2012–13年の繁殖期の間に，138,000つがいから65,000つがいへと，約52%の減少が確認された。これは，3世代で72%が減少したことを示している（Dyer and Crawford 2015）。ケルゲレン諸島とクロゼ諸島のミナミイワトビペンギン個体群の長期的な傾向については不明のままである（CEBC-CNRSデータベース，Bost 個人的情報）。オークランド諸島とアンティポーズ諸島のいくつかの繁殖地の個体数は，1970年代から1990年代の間に，40%以上の深刻な減少を経験したようだ（Cooper 1992, Hiscock and Chilvers 2013）。厳密な個体数調査（センサス）が行われた繁殖地における信頼できる個体群モデルを分析した結果，1971年～2007年（3世代：30年間）にかけて，ミナミイワトビペンギンの総個体数は34%減少したことがわかっている（Birdlife International 2010）。2016年はじめには，南西大西洋海域全体にわたり，換羽期を中心に，主に飢餓によるものと考えられるミナミイワトビペンギンの大量死が起こった。例えば，ティラ・デル・フエゴの海岸では約300羽，フォークランド（マルビナス）諸島ではサンダース諸島で300～400羽，プエルト・デセアードでは約200羽の死体が発見された（Raya Rey and Crofts 個人的情報）。最近の死亡率に関してはこれ以上の新しい情報はないものの，より大規模な地球的規模で，ミナミイワトビペンギンの個体群は大きなダメージを受けていると考えられる（Crofts and Stanworth 2016, Raya Rey 個人的情報）。

　様々な調査データを総合すると，過去3世代（30年間）のミナミイワトビペンギンの個体数減少は，34%だと考えられる。データが最も完全なフォークランド（マルビナス）諸島の減少と，これに比べるとややデータに不備があるマリオン島の減少とを比較すると，フォークランド（マルビナス）諸島の方がより急速な減少にさらされている可能性が高い。

◆**分布と個体数に関するデータについて**：ミナミイワトビペンギンは，南大西洋，インド洋および太平洋に点在する島々で繁殖する。南大西洋と南インド洋の南緯46度から南太平洋の南緯54度に位置するマックォーリー島までの繁殖地には，2010年時点で合計319,163つがいが生息している（Baylis *et al.* 2013）。アルゼンチン南部とチリのいくつかの島々にも繁殖地がある。例えば，ロス・エスタドス島には135,000つがい（2010年），ペンギン島には1,061つがい（2014年），イルデフォンソ島には86,400つがい（2014年），ディエゴ・ラミレス島には132,721つがい（2006年），ノア島には158,200つがい（2005年），バルネベルト島には10,800つがい（1992年），タールテン島には3,000つがい（2008年），ブエナベントゥーラ島には500つがい（1992年）が生息していた（Schiavini *et al.* 2005, Birdlife International 2010, Raya Rey *et al.* 未発表情報, Gandini *et al.* 発表準備中）。

◆**基本的生態上の特徴**：ミナミイワトビペンギンは，基本的には毎年10月に繁殖地に戻り，波打ち際から海岸近くの岩山の上，あるいは内陸に入った平坦な場所等で営巣する。一腹の卵数は2個。11月から12月にかけて，32～34日間抱卵する。2月，ヒナが巣立つ。ほとんどの繁殖地では，2羽のヒナ（あるいは2個の卵）の内，1羽しか無事に巣立たない。しかし，フォークランド（マルビナス）諸島の場合は，2

177

羽とも巣立つ可能性が高いという報告もある (Clausen and Putz 2002, Poisbleau and Bost 個人的情報)。また，クロゼ諸島でも，2羽とも巣立つという報告がある (Bost 個人的情報)。ミナミイワトビペンギンは，様々な小型魚類，甲殻類，頭足類を捕食する (Wiliams 1995)。また，一年の生活サイクルの中で，餌生物は変化していく (White and Classen 2002)。フォークランド諸島では，ミナミイワトビペンギンとマカロニペンギンとの交雑が生じている (Crofts and Robson 2016)。

◆**主な脅威**：気候変動は，ミナミイワトビペンギンの個体数減少の重要な原因となっていると考えられる。ミナミイワトビペンギンの成鳥は，海水温の変化に敏感に反応するようだ。南半球の中緯度海域から高緯度海域では，成鳥の生存率は高い。しかし，より低緯度あるいは高緯度海域では，生存率は著しく低下する (Raya Rey *et al.* 2007, Dehnhard *et al.* 2013)。フォークランド（マルビナス）諸島のミナミイワトビペンギンは，温暖化に伴い繁殖開始時期を遅らせ，より卵を軽くし，結果的に繁殖成功率を低下させる傾向が見られる (Dehnhard *et al.* 2015)。極端な気温上昇は，この海域で過去に餌生物の急激な減少を引き起こしており，このような急激な海洋環境の変化は，この海域では継続して発生するものと考えられている (Wolfardt *et al.* 2012)。2016年には，繁殖地から異常に離れた場所で換羽していた個体が多数死亡するという出来事があったが，これは，換羽期直前に，原因不明の海洋状況の変化があり，繁殖地周辺の採食海域の一次生産性が著しく低下したためだと考えられている (Worgenthaler *et al.* 2018)。風向と風力は，地球温暖化の過程で激変する可能性があり，ミナミイワトビペンギンの洋上での採食行動に影響を与えることが指摘されている。現在は，南風と西風が卓越しているため，採食成功率が高いが，逆に北風と東風の状況下では低下するため，将来北風・東風が頻繁に吹くようになると，ミナミイワトビペンギンの採食に悪影響が出る可能性がある (Dehnhard *et al.* 2013)。

　上記のような基本的変動に加えて，気候変動は，ペンギン達が生息する周辺海域における食物連鎖の上位捕食者にダメージを与える可能性があり，食物連鎖を構成する生物種間の二次的捕食を増加させる可能性がある。例えば，オットセイやアシカ等の海獣類の急増によって，ミナミイワトビペンギンへの直接的な捕食圧力と，餌生物の争奪が高まる可能性がある (Barlow *et al.* 2002, Raya Rey *et al.* 2012, Morrison *et al.* 2016)。マリオン島では，非繁殖期，つまり冬季の回遊期間をどのように過ごすかということが，次の繁殖期に繁殖しない成鳥の割合に関係があると考えられている。マリオン島に戻って繁殖するミナミイワトビペンギンの数は，1994年〜95年から2007年〜08年の間に約20％減少し，繁殖成功率と有意な相関があった (Crawford *et al.* 2008)。

　重油流出汚染の被害を受けるミナミイワトビペンギンの数は，毎年4万羽以上のマゼランペンギンがアルゼンチンで重油流出被害を受けていた1990年代ほどひどくはないと思われる (Gandini *et al.* 1994)。南米のパタゴニア沿岸海域，例えばフォークランド（マルビナス）諸島周辺海域で進められている「メタン・ハイドレード」開発および海底油田開発が，ミナミイワトビペンギンに脅威となる可能性がある (Ellis *et al.* 1998)。例年，9月から10月にかけて，ミナミイワトビペンギンの被害が報告されている (Crofts 2014)。ステッティン島のミナミイワトビペンギンは，他の繁殖地の個体と比較した場合，採食量がより少ないにも拘わらず，水銀の残留レベルがより高いことがわかっている (Brasso *et al.* 2015)。

　いくつかの繁殖地では，放牧されている家畜が，植生を著しく破壊した。過去には，ウサギの過放牧が，マックォーリー島に深刻な地形侵食と地滑りとを引き起こした。しかし，マックォーリー島の「害獣駆除プロジェクト」が成功したことにより，植生は回復しつつある (Parks and Wildlife Service 2014)。デロスエスタドス島での，ヤギとシカの放牧による影響は不明だが調査する必要がある。オークランド諸島に持ち込まれたブタは，そこに生息しているペンギンの個体数に悪影響を及ぼし続けており，根絶の必要性と努力が続けられている (Birdlife International 2010)。ノラネコとネズミは，繁殖地の一部に存在するが，それによって著しい死亡率の上昇を引き起こすことは確認されていない (Birdlife International 2010)。

　卵の採取は，フォークランド（マルビナス）諸島等では，1950年代まで一部の繁殖地では一般的だった。しかし，現在は禁止されている。歴史的に，ペンギンは，チリのいくつかの島々を含む多くの場所で，カニ料理の食材であるカニ漁の餌として使われていた (Ryan and Cooper 1991, Ryan 未発表情報 1999)。チリのカラダ島におけるミナミイワトビペンギンの繁殖集団の消滅は，人間による収奪，すなわち，動物剥製標本の

178

違法な採集，カニ鍋料理のカニ漁の餌としてペンギンが採取されたことが主因だった (Oehler *et al.* 2007)。この島には，通信に関する環境がなく，監視に関する深刻な欠陥がある。近年，チリのミナミイワトビペンギンの繁殖地から違法に奪取されたペンギンは，年間500個体未満ではあるが，繁殖地の一部でゆっくりとした個体数の減少を引き起こす可能性が残っている (Birdlife International 2010)。

　別の潜在的な脅威は，漁業との関連にある。混獲による死亡率のレベルは無視できる範囲内だと思われるが，餌生物の争奪激化と乱獲による生態系の改変と食物連鎖への間接的な影響については，広範な配慮が必要だと思われる (Crawford *et al.* 2017)。ミナミイワトビペンギンの主要な繁殖地での観光は，現在は厳しく規制されており，総個体数のごく一部しかその影響を受けていない。

◆進行中の保全活動と今後必要な保全活動について：ステッティン島，フォークランド（マルビナス）諸島，マリオン島，キャンベル諸島では，定期的に監視活動が行われている (Birdlife International 2010, Raya Rey *et al.* 2014)。いくつかの生態学的，個体数学的研究が継続的に実施されている (Ellis *et al.* 1998, Guinard *et al.* 1998, Dehnhard *et al.* 2013, 2014)。国際的な種保全のための行動計画と地域的な行動計画が実施されてきた (Birdlife International 2010)。

　個体数や個体群全体の傾向を正確に把握し評価するために必要なデータを収集し，かつ監視体勢の方法論を検証するために，インド洋の全ての個体群の監視を継続し，あるいは新たに開始しなければならない。現在の総個体数を把握するために，長期の個体数統計調査を実施する必要がある。また，遺伝学的研究を実施して，当該種の分類学的研究を推進する。個体数動向，海水面温度の上昇，周辺海域における一次生産性の時間的・空間的関連性に関する研究を推進する。海底油田開発の影響について，具体的に検証する (Guinard *et al.* 1998)。商業漁業との相互作用に関する詳細な研究を開始する。移入動物による捕食等の影響について詳細に確認する。病気による脅威を再評価し，バイオセキュリティー対策を強化する (Crofts 2014)。

シュレーターペンギン ◆英名：Erect-Crested Penguin ◆学名：*Eudyptes sclateri*

◆初出：Buller, 1888 ◆レッドリスト・カテゴリー：絶滅危惧種 EN

◆個体数規模：150,000羽 ◆個体数動向：減少 ◆分布域（生息域・繁殖地の総面積）：1,300 km^2

◆特定の国または地域の固有種か否か：ニュージーランドの固有種

◆レッドリスト・カテゴリーの根拠：シュレーターペンギンは，「絶滅危惧種（EN）」と評価されている。これは，その個体数が過去3世代にわたって急速に減少していると推定され，総個体数がほぼ確実に減少していると考えられるためである。さらに，繁殖地の範囲は非常に狭く，現在の繁殖地は，わずか2ヵ所である。

◆個体数推定の根拠：個体数の傾向としては，1970年代半ばから1990年代半ばまでに，深刻な減少を示している (Davis 2013)。バウンティ諸島では，1978年の推定個体数は115,000つがい (Robertson and van Tets 1982) だったが，1997年までに28,000つがいに減少し (Taylor 2000)，2011年には26,000つがいにまで減少した (Miskelly 2013)。アンティポーズ諸島では，1978年には推定115,000つがいがいるとされたが (Taylor 2000)，1995年までに52,000つがい，2011年までに34,226つがいに減少した (Hiscock and Chilvers 2014)。全体として，1990年以降，個体数は明らかに減少していると考えられる (Morrison *et al.* 2015)。実際に繁殖しているつがい数に関する2011年の推計つがい数を基準として考えると，成鳥の80％が毎年繁殖に従事すると仮定すると，現在の成鳥の個体数は約150,000羽だと考えられる。

◆分布と個体数の傾向：シュレーターペンギンは，ニュージーランドのアンティポーズ島とバウンティ諸島（前者は20 km^2，後者は1 km^2）で繁殖する。2011年に実施された最新の個体数調査によると，アンティポーズ島では34,226ヵ所の巣が見つかった (Hiscok and Chilvers 2014)。バウンティ諸島では，同じ年に，推定26,000ヵ所の巣があった (Miskelly 2013)。20世紀半ばには，ニュージーランド本土でもシュレーターペンギンの繁殖が記録されているが，これらは主要な繁殖地を形成していた個体群ではなく，一部の小さなグループだったと考えられる (Richdale 1950)。繁殖期以外のシーズンには，シュレーターペンギンは，キャンベル島 (Miskelly *et al.* 2015) やスネアーズ諸島 (Morrison and Sager 2014) 等の他の亜南極に位置する島々で報告されており，ニュージーランド本島（北島と南島）とチャタム諸島でも報告されている (Miskelly 2013)。ニュージーランド以外では，オーストラリア南岸，ケルゲレン諸島，フォークランド諸島等でシュレーターペンギンが観察されている (Miskelly 2013)。

◆基本的生態上の特徴：シュレーターペンギンの多くは，土壌や植生のない波打ち際から標高差75メートルの岩場の上にある平らな場所に，稠密で大きな集団繁殖地を形成する (Davis 2013, Hiscock and Chilvers 2014)。他の有冠ペンギンのなかま同様，シュレーターペンギンも一腹の卵数は2つであるにも拘わらず，一卵目は意図的に遺棄して，2卵目だけを育てる。卵は，第2卵（B卵）の方が第1卵（A卵）よりも85％重く，これは有冠ペンギンの中では，最も大きな差となっている (Davis 2013)。採食生態については，詳しい研究や報告がない。

◆主な脅威：シュレーターペンギンに関する基本的データが非常に不足しているため，この種の個体数減少の原因を，科学的に特定し評価することは困難である (Davis 2013)。繁殖地では，陸上にはこのペンギンの種としての存在を脅かす存在はいない。従って，海洋の温暖化と周辺海域での漁業の相互作用による海洋生産性の変化が，当該種の個体数減少の主因となっている可能性が高い (Trathan *et al.* 2015)。

◆進行中の保全活動：シュレーターペンギンが繁殖しているどちらの島も，自然保護区であり，1998年に世界自然遺産の一部として指定されている。個体数規模に関する，不定期な調査が時折行われる。

◆現在，提案されている保全活動：5年毎に，アンティポーズ島の繁殖地をサンプル調査し，1978年と995年の探検調査時に写真撮影された同じポイントで，継続的な写真撮影が行われる。また，バウンティ諸島でも，5年毎に「基本的研究調査」が実施されている。バウンティ諸島では，空中からと地上の調査データを比較して，繁殖地を監視するための効果的方法は前者の空中からのものが適切か否かについて，その実効性を検証する必要がある (Taylor 2000)。採食海域の変化，企業的漁業との相互作用，海洋または気候の大規模な変動による影響について，詳細な調査を実施する。

フィヨルドランドペンギン　◆英名：Fiordland Penguin

◆学名：*Eudyptes pachyrhynchus*　◆初出：Gray, 1845
◆レッドリスト・カテゴリー：危急種 **VU**　◆個体数動向：減少
◆分布域（生息域・繁殖地の総面積）：81,800 km²
◆特定の国または地域の固有種か否か：ニュージーランドの固有種

◆レッドリスト・カテゴリーの根拠：フィヨルドランドペンギンは，元来総個体数が少なく，さらに様々な脅威に直面し，特に繁殖地が少なく，またそこに移入された捕食者による被害も大きく，急速に個体数が減少しているという状況にあるため，「絶滅危惧Ⅱ類」に評価されている。

◆個体数ならびに個体数傾向の根拠：総個体数は，繁殖能力のある成鳥が5,500〜7,000羽くらいいると推定されている (Mattern 2013, Long 2014)。基本的な繁殖生態がウインターブリーダーだということと，深い森の林床部で生活し，人間を極度に警戒するという習性を勘案すると，正確な個体数調査は難しく，個体数は過小評価される可能性が高い (Mattern 2013)。従って，実際の個体数規模は，2,500〜9,999羽の範囲だと推定できる。

　移入された捕食者，人為的妨害，漁業による混獲や事故死は，全て，フィヨルドランドペンギンの継続的な個体数減少の原因となっている。最近，一部の繁殖地では，個体数が特に減少しているように見えるが，それ以外の繁殖地からは，個体数かわずかに増加しているという報告もあるため，当該種全体の個体数変動の傾向を特定することは困難である。しかし，オープンベイ島では，1988年〜1995年の間に33％個体数が減少した (Ellis *et al.* 1998) と報告されており，ダスキーサウンドでは，1900年代に数千羽いたという未確認報告があったものの，1990年代には数百羽しか残っていない (Russ *et al.* 1992)。個体数調査の方法が確立されておらず，しかも調査そのものが非常に困難であるため，さらなる研究と調査方法の統一が必要だが，減少は急速に進んでいると考えられている。従って，3世代（29年間くらい）にわたる個体数減少率は，30〜49％の範囲内だと推計されている。

◆分布と行動生態について：フィヨルドランドペンギンは，スチュワート島とその周辺の島々，ソランダー島，およびニュージーランドの南島の南西海岸に営巣する。非繁殖期の海上での回遊や行動生態およびその範囲等については，ほとんど知られていない。

◆基本的生態上の特徴：フィヨルドランドペンギンは，ニュージーランドの南島やスチュワート島等の海岸部に広がる温帯雨林の林床部，海岸部の洞窟や岩の割れ目に営巣して繁殖する。6月中旬以降，海上から繁殖地に帰還し，7月中旬までの間に巣をつくる。一腹の卵数は2個，つがいが交互に抱卵し，33日後に孵化する (Warham 1974)。ヒナは11月中旬から下旬に巣立つ。南島西海岸での餌生物調査によると，主な獲物はイカ（85％），オキアミ（13％），魚（2％）だった (van Heezik 1989)。一方，コッドフィッシュ島のペンギン達は，主に魚（85％）とイカ（15％）を食べていた (van Heezik 1990)。繁殖成功率は，採食海域との距離に依存する傾向が強いが，南島西海岸のジャクソンヘッドで繁殖する個体群は，繁殖地から20〜100キロメートル以内で採食する。ミルフォードサウンドで繁殖する個体群は，ほとんど繁殖地から半径10キロメートル以内の海域で採食していた (Mattern and Ellenberg 2016)。

◆主な脅威：移入された捕食者は，深刻な脅威である。イタチは，その中でも最も注意すべき捕食者であり (Ellenberg 2013, Wilson, Long 2017)，ジャクソン湾の繁殖地では，主にニワトリが捕食されていたが，フィヨルドランドペンギンも3羽が捕食された (Mattern and Ellenberg 2016)。この繁殖地では，2年連続で，繁殖成功率は低かったが，2017年には改善された (Mattern and Ellenberg 2016)。飼い犬は，潜在的な捕食者として重要である。特に，換羽中の成鳥が20〜30日間上陸している場合など，わずか1頭のイヌが繁殖地の個体を全滅させる可能性がある (DOC 2012)。ノラネコ，ネズミ，ウェカ（ニュージーランド固有の鳥），ポッサムも潜在的な捕食者であり，元来少ないフィヨルドランドペンギンの個体数に影響を及ぼす可能性がある (Ellenberg 2016)。

　イカ漁との餌生物獲得競争と混獲は，漁業による最大の脅威である (Ellis *et al.* 1998)。2011年に混獲によって死亡したフィヨルドランドペンギンは，38〜176羽いたと推定されており (Ellenberg 2013)，混獲の可能性がある漁網が，繁殖地近くの海岸やフィヨルド湾内（ミルフォードサウンド）で使われている。サウス

181

ウエストランドの人間が接近しやすい場所にある繁殖地では，繁殖成功率の低下と個体数の減少が起きていると言われている (Wilson and Long 2017, DOC 2012)。交通事故による死亡例も若干報告されている。エルニーニョ現象が，フィヨルドランドペンギンの繁殖成功率を低下させることが知られているが，フィヨルドランド内で繁殖する個体群は，その影響を受けにくいようである (Mattern and Ellenberg 2016)。

◆進行中の保全活動ならびに提示されている保全活動：ニュージーランドの環境保全省 (DOC) は，フィヨルドランドペンギンの重要な繁殖地を継続的に監視し，個体数調査，繁殖地のバイオセキュリティー対策，捕食者制御活動を実施し，「フィヨルドランドペンギン・リカバリー計画：2012〜2017」を立案し実施してきた。いくつかの研究計画が2014年以来実施され，2014年〜2019年に，このペンギンの分布範囲，潜水生態，餌生物等に関する研究が行われ，海洋生態系に関する探求と保全を推進している。このプロジェクトでは，成鳥の換羽期の分布についても調査された (Mattern and Ellenberg 2016)。非繁殖期の回遊については，2016年〜2021年にかけて調査が行われている (Waugh 個人的情報)。

　既に確立された個体数調査手法 (Ellenberg *et al.* 2015) の使用と普及を推進し，この手法を用いて1990年代には調査されなかった海岸部の調査を実施する (Ellis *et al.* 1998)。捕食者の管理，特にイタチの駆除を徹底することが急務である。繁殖地への人間の接近を制御するためのガイドラインが必要である。接近可能な繁殖地を法的に保護する体制を確立する必要がある (Taylor 2000)。

スネアーズペンギン	◆英名：Snares Penguin　◆学名：*Eudyptes robustus*

◆初出：Oliver, 1953　◆レッドリスト・カテゴリー：危急種 **VU**　◆個体数動向：**安定**

◆分布域（生息域・繁殖地の総面積）：**15 km²**

◆特定の国または地域の固有種か否か：**ニュージーランドの固有種**

◆**レッドリスト・カテゴリーの根拠**：スネアーズペンギンは，いくつかの近接した島に限定して分布しているので，突然の災害，事故の影響，人間活動による影響を受けやすく，種としての存続という観点からは脆弱だと考えられる。個体数の傾向は明確ではないが，近縁種も減少しているとすれば，当該種についてもより高いカテゴリーへの再評価を考える必要がある。

◆**個体数ならびに個体数傾向の根拠について**：1985年～1986年の個体数は，23,250つがいだと推定された。すなわち，ノースイースト島には19,000つがい，ブロートン島には3,500つがい，ウエスタンチェーン島には750つがいが確認されている (Marchant and Higgins 1990)。2000年には，ノースイースト島には23,683つがい，ブロートン島には4,737つがい，さらにウエスタンチェーン島には381つがいがいると推定された (Amey *et al.* 2001)。2008年の調査では，ノースイースト島には16,470つがい，ブロートン島には3,375つがいが確認された。2010年に行われた個体数調査では，ノースイースト島で21,167つがい，ブロートン島で4,358つがいが確認された。さらに，2013年の調査では，ノースイースト島で20,716つがい，ブロートン島で4,433つがいが確認され (Hiscock and Chilvers 2016)，これらの島々には少なくとも約50,300つがいの成鳥がいると推定された。成鳥の約80％が毎年繁殖するとすれば，約63000羽の成鳥がいると推定できる。これらの調査を総合すると，ノースイースト島およびブロートン島の個体数は安定していると考えられる（Amey *et al.* 2001, Mattern *et al.* 2009, Hiscock and Chilvers 2016）。

◆**分布と個体数の傾向について**：スネアーズペンギンは，ニュージーランドの南200キロメートルに位置するスネアーズ諸島（総面積3 km²）で繁殖する。2013年の最新の個体数調査によれば，ノースイースト島とブロートン島で，各々20,716つがい，4,904つがいが確認された (Hiscock and Chilvers 2016)。これ以外にも，ウエスタンチェーン島（ノースイースト島の西方約5 km）には，500つがい未満の小さな個体群が存在する (Miskelly 1997)。ウエスタンチェーン島の繁殖個体群の繁殖期間は，他の島の個体群の繁殖期間に比べ6週間遅れており，スネアーズ本島の個体群との間にわずかだが形態的違いが存在するようである (Miskelly 1997)。海上での回遊範囲は，亜熱帯収束線（SIF）によって大きく制約される。スネアーズペンギンは，タスマン海と東インド洋との間の温暖な海域を主要な採食海域としており，この海域はまた，亜熱帯と亜寒帯海域とを分かつ水路となっている (Thompson 2013, 2016)。

◆**基本的生態上の特徴**：スネアーズペンギンは，普通，50～500つがいの密集した集団繁殖地を構成する。1つの繁殖地に集まるつがいの数は，1～1,246つがい（平均198つがい）だった (Amey *et al.* 2001)。主要な集団繁殖地は，ノースイースト島の森林または灌木の茂みの中に形成されるが，それ以外の繁殖地は，比較的広い場所に形成される (Mattern 2013)。若鳥の餌生物は，オキアミ（60％），魚（30％），イカ（10％）だが，成鳥では，魚とイカがより多くなる (Mattern *et al.* 2009)。繁殖期には，主に亜熱帯収束帯付近の海域で採食するが，抱卵期には繁殖地の東方200キロメートルまでの海域で，育雛期には北方80キロメートル以内の海域で採食する (Mattern 2013)。非繁殖期には，成鳥は回遊し，島の西方3,500キロメートルのインド洋まで移動し，南緯45度より北の亜熱帯海域に留まる (Tompson 2016)。スネアーズペンギンと他のマカロニペンギン属との交雑例は1例しか知られていないが，他のマカロニペンギン属間では，交雑が比較的頻繁に起きているらしい (Morrison and Sagar 2014)。

◆**主な脅威について**：主な脅威は，商業漁業，海洋環境の変化および重油流出事故である。スネアーズ諸島近海は，大規模なイカの漁場であり，資源を巡って人間との競争関係にあり，イカの乱獲がスネアーズペンギンの個体数に影響を及ぼす可能性がある (Ellis *et al.* 1998, Crawford *et al.* 2017)。また，定置網漁業による混獲も，スネアーズペンギンの死因となっている (Crawford *et al.* 2017)。漁業との問題は，個体数の大幅な減少を引き起こす可能性があるが，現時点では，問題は起きていないようである。

　スネアーズ諸島には移入された捕食者がいないため，哺乳類が捕食者として偶発的に導入される危険性が指摘されている (Mattern 2013)。ネズミ等の捕食者が定着する可能性は，適切なバイオセキュリティー対

策を実施することによってコントロール可能である。しかし，マカロニペンギン属の他の種は，海洋環境の変化，特に海水面温度の上昇による餌生物分布の変化によって，かなり長期的な個体数減少という影響を受けている。従って，スネアーズペンギンについても，個体数変化の継続的な監視が不可欠である。

◆進行中の保全活動と必要とされる保全活動について：スネアーズ諸島は，全体が自然保護区に指定されており，1998年には「世界自然遺産」に登録された。許可なく上陸はできない (Houston 2008)。また，個体数調査が，2000年以降，5年毎に行われている。

　「世界自然遺産」に関わる領海（12海里まで）全てを海洋保護区とし，全ての釣りと漁業を禁止する (Weeber 2000)。スネアーズ諸島周辺，半径100キロメートルの海域を，この島で繁殖する鳥類の重要延海域と認定することが必要である (Forest and Bird 2014)。餌生物の構成と生活史を評価する基準となる詳細なデータを収集する必要がある。

キガシラペンギン ◆英名：Yellow-Eyed Penguin ◆学名：*Megadyptes antipodes*

◆初出：Hombron&Jacquinot, 1841 ◆レッドリスト・カテゴリー：絶滅危惧種 **EN**
◆個体数動向：**減少** ◆分布域（生息域・繁殖地の総面積）：395,000 km²
◆特定の国または地域の固有種か否か：ニュージーランドの固有種

◆**レッドリスト・カテゴリーの根拠**：キガシラペンギンの繁殖地は極めて狭い範囲に限定されており，当該種が繁殖のために必要とする森林や灌木類からなる茂み等の植生が減少したりその質が低下したりしているので，「絶滅危惧種（EN）」と評価されている。移入された捕食者や漁業における混獲等の継続的な脅威を受け続けているため，その個体数は過去3世代（21年間）で極端に減少しており，今後も急激に減少する可能性がある。

◆**個体数および個体数傾向の根拠**：総個体数は約1,700つがい（繁殖能力のある成鳥が3,400羽いる）と推定されており，その60％は，亜南極圏内（オークランド諸島，キャンベル諸島）に分布していると推計されている (Seddn *et al.* 2013)。ニュージーランド南島と亜南極圏内で繁殖する個体群間の交流はほとんどないため，遺伝的な解析により，3つの異なる亜種が生じていると考えられている。すなわち，スチュワート島を含むニュージーランド南島，亜南極圏内のオークランド諸島とキャンベル諸島である。従って，これらは，別個の保護単位として管理する必要がある (Boessenkool *et al.* 2009)。亜南極圏内に点在すると言われているいくつかの島々に関する繁殖地については，ほとんど分かっていない。また，オークランド諸島の個体数に関する包括的な個体数調査はほとんど見られないが，1989年に行われた短期間の調査によると，520〜570つがいだと思われる (More 2992)。キャンベル島の個体群は，1992年の調査によれば，350〜540つがいだと推定されている (More 2001)。スチュワート島の推定値は，1997年段階で，220〜400つがいだとされていたが，1999〜2001年には178つがいに減少した (Massaro and Blair 2003)。南島にある繁殖地の巣の数は，過去に大きな個体数減少があったことを裏付けている。1996年以降，南島の個体数は76％減少している (Mattern *et al.* 2017)。2011〜2012年にかけて，南島の南東海岸には452つがいがいると考えられていたが (Seddn *et al.* 2013)，2015年には216つがいに減少していた (Melanie Young DOC 未発表データ)。キガシラペンギン減少の主要な原因は，捕食者の移入による繁殖地環境の転換ならびに撹乱だと考えられている。南島の個体数は，変動する可能性があると推定されているが，1996〜2015年の間に，オタゴ半島では76％の個体数減少が見られた (Mattern *et al.* 2017)。スチュワート島でも，やはり減少しているようである (D. Houston 2012)。全体的な個体数減少は，過去3世代（21年間）で，50〜79％の範囲内だと考えられている。

◆**分布と個体数**：キガシラペンギンはニュージーランドの固有種であり，南島の南東海岸に452つがい（2011〜2012年）(Seddn *et al.* 2013)，スチュワート島およびその周辺に178つがい（1999〜2001年）(Massaro and Blair 2003)，およびキャンベル島に350〜540つがい（1992年）(More, Seddn *et al* 2001)。また，南島の個体群は2つの亜南極の個体群と遺伝的に異なる形質を持っている。1世代（7年間）あたりの遺伝偏差率は0.003だと考えられている (Boesenkool *et al.* 2007)。成鳥は定着性が強く，通常，成鳥は繁殖地の50キロメートル以内で採食する (Mattern *et al.* 2007) が，若鳥はクック海峡まで北に回遊する場合がある (Marchant and Higgins 1990)。

◆**基本的生態上の特徴**：南島では，牧場や外来植物からなる森林の林床部や灌木の茂みの中で営巣する傾向が強い (Mackay *et al.* 1999, Ratz and Murphy 1999, Seddn *et al.* 2013)。巣は，普通，他のキガシラペンギンからの視線を避けられるような形で，巣の周囲に植生を伴っている (Seddn and Davis 1989) が，これは必ずしも繁殖成功の前提条件だとは考えられていない (Clarke *et al.* 2015)。1腹の卵数は2個。9月中旬から10月中旬に産卵し，孵化は11月初旬。ヒナは翌年の2月中旬から3月中旬にかけて巣立ちする (Seddn *et al.* 2013)。キガシラペンギンは，主に浅い海域で採食する（全ての潜水の内の87％）が，繁殖期に入る時期には，外洋で採食することもある (Mattern *et al.* 2007)。潜水深度は，時に120メートルを超えることもあるが，普通は100メートル未満の水深である (Seddn *et al.* 2013)。キガシラペンギンは，個体毎に繰り返し訪れる個別の採食海域を持っているらしい (Moore 1999, Mattern *et al* 2007)。また，このペンギンは，底生の餌生物の撹乱と劣化に非常に敏感だと思われる (Browne *et al.* 2011, Ellenberg and Mattern 2012, Mattern *et al.* 2013)。

◆**主な脅威**：商業的な刺網漁業の混獲による死亡率は，最近20年間で，捕食者のいない島と南島の繁殖地に生息する個体群の両方で，大幅に減少したと考えられている (Ellenberg and Mattern 2012, Mattern *et al.* 2017)。最新の推定では，年間16〜60羽のキガシラペンギンが混獲で死亡していると考えられているが，これは過小評価である可能性が高く，シミュレーション結果によれば，このように少ない死亡数であっても大幅な個体数減少を促進するには十分だと考えられている (Crawford *et al.* 2017)。趣味としての刺網の使用は，キガシラペンギンの個体数に影響を与えた可能性があるが，現在では，南島沿岸の最大4マイルの水域での使用が禁止されており (Crawford *et al.* 2017)，さほどの脅威とはなっていない。ただし，この禁止措置が解除された場合，この脅威は，大規模な刺網漁業と同程度の被害をもたらすと思われる。さらに，商業的な漁業は，キガシラペンギンの餌生物の獲得率とその質に悪影響を与え (Mattern 2007, Browne *et al.* 2011)，ペンギンの採食行動にも影響を与える可能性が高い。最近のシミュレーションによれば，海水面温度の変化とキガシラペンギンの生存率には有意な相関があり，予測されている気候変動の下では，繁殖成功率と成鳥の生存率は，低下すると考えられている (Mattern *et al.* 2017)。ボールダーズビーチの個体群には，特にその影響が顕著に見られ，海水面温度の変化が個体数変動原因の33％を占めると分析されている (Mattern *et al.* 2017)。

移入されたフェレット，イノシシ，飼い犬，ノラネコは，南島の繁殖地における一般的な捕食者である。オークランド諸島の主島カトリンズ島では，ブタによる捕食例が報告されている (McKinlay, Houston 未発表情報 2012)。ニュージーランドオットセイは，オタゴ半島で，毎年，20〜30羽のキガシラペンギンを捕食していると考えられている (Lalas *et al.* 2007)。繁殖地での偶発的な火災は，これまでにも度々あり，稀ではあるがキガシラペンギンが犠牲になることもある。これまで，何回にもわたってキガシラペンギンの大量死があり，生物毒だと考えられてきたが，正確には原因不明である (Gill and Darby 1993)。規制されていない繁殖地での観光客による妨害は，エネルギー消費を高め，成鳥の生存率に悪影響を与える (McClung *et al.* 2004, Ellenberg *et al.* 2007, 2009, 2013)。

◆**進行中の保全活動ならびに期待される保全活動について**：保全管理計画は，ニュージーランド環境保護省 (DOC)，ならびに南島のキガシラペンギン・トラストによって実施されている。キガシラペンギン・トラストは，保全を推進するボランティアと活動資金を集めるために設立され，現在ではDOCと連携して，捕食者コントロールと生息地沿岸の緑化（植林・植生復活作業）を行っている。南島のほとんどの繁殖地は，家畜の侵入を防ぎ，植生回復を促進するために，フェンスで囲まれている。捕食者の捕獲は，南島の繁殖地の50％で実施されており，生息地が回復されつつある (Seddn *et al.* 2013)。立ち入り規制がない一部の繁殖地は，繁殖期には閉鎖され，ボランティアが巡回している。主な繁殖地では，注意喚起標識の設置とガイドライン改善が推進されているが，これらの規制は，完全な閉鎖措置とより厳格な規制に比べると，訪問者の行動を改善する効果は薄い (Stein *et al.* 2010)。餓死，人間活動による怪我，異常換羽時合併症等を防止する目的で，人為的な繁殖地回復の試みが，オタゴ北部のペンギン・プレイス，ペンギン・レスキュー等，南島の4つの繁殖地で行われている。約5年毎に，南島では全ての繁殖地の個体数調査が実施されており，毎年，特定の繁殖地の個体数調査が行われている (Taylor 2000)。

オークランド諸島，キャンベル諸島での信頼できる個体数調査を実施する必要がある。南島とスチュワート島の繁殖地で捕食者の制御を継続し，オークランド諸島での捕食者（ブタとノラネコ）の根絶をはかる。商業的な漁業がキガシラペンギンに与える影響を定量化し，特に刺網漁法による混獲死亡率とトロール漁法によるペンギンの海上での生態ならびに餌生物の質への影響を，詳細に分析する必要がある。刺網漁業の影響を最小限に抑えるための海洋保護区の制定。繁殖地への観光客の接近を規制したり，餌生物の乱獲を防止したりするために，重要な時期（繁殖期，換羽前，冬等）および生活史の重要な段階（特に若鳥の回遊期間）における，海上での生態を空間的・時間的に把握するように努める。さらに，採食生態を詳細に把握し，海洋生産性に対する気候変動の影響を評価するために，ペンギンの生息範囲全体にわたり，餌生物に関する最新のデータを蓄積する必要がある。生息地や個体数回復計画の改訂が進行中だが，特定の繁殖地における巣の数と繁殖成功率の監視ならびにデータ収集を確立し，キガシラペンギンに関するデータベースの質を維持していくことが重要である。

コガタペンギン，フェアリーペンギン，リトルペンギン ◆英名：Little Penguin

◆学名：*Eudyptula minor* ◆初出：Forster, 1781 ◆レッドリスト・カテゴリー：低危険種 **LC**
◆個体数動向：安定 ◆分布域（生息域・繁殖地の総面積）：6,870,000 km²
◆特定の国または地域の固有種か否か：特定の国の固有種ではない
◆レッドリスト・カテゴリーの根拠：コガタペンギンの分布は非常に広範囲にわたるため，分布範囲サイズの基準（繁殖地域の広さ＝20,000 km²未満，繁殖地の縮小または変動が顕著に見られる，生息地の広さや環境に顕著悪化が見られる，または個体数が著しく減少あるいは断片化している）では，種としての存続の脆弱性に関する閾値に近づかないため，評価は難しい。個体数の傾向は安定しているように思われるが，人間活動による撹乱や気候変動によって，局所的には個体数の減少が見られる。しかし，全体的には，総個体数の減少は種としての存続が危ぶまれる基準，すなわち30％以上の急激な個体数減少，または3世代（10年間）にわたる継続的な個体数減少という脆弱性の閾値には達していない。総個体数は，現在，繁殖能力がある成鳥が500,000羽未満いると考えられており，これも，個体数規模に関する基準，すなわち3世代あるいは10年間で10％を超える継続的な減少，あるいは世代的に偏った個体数構造等の閾値に抵触しない。従って，当該種は「低危険種（LC）」だと評価できる。
◆個体数の根拠ならびに個体数傾向の根拠と基本的分布について：個体数調査は，ほとんどの繁殖地で実施されており，現在の個体数は，繁殖能力がある成鳥が469,760羽いると推定されている。これは，総個体数を1,000,000羽未満と推定した前回のレッドリスト評価よりも少ないが，その原因は，個体数調査の不備にあったと考えられる。現在，個体数調査が実施されている繁殖地であっても，その60％がデータ不足のため「個体数不明」と判断せざるを得ない。信頼できる個体数データがある繁殖地の場合に限って見ると，51％の繁殖地が個体数が安定しており，29％の繁殖地では個体数の減少が見られ，20％の繁殖地では個体数が増加している。なお，既存の繁殖地の内，15％に絶滅の疑いがある。

コガタペンギンは，オーストラリアとニュージーランドの2カ国に分布している。オーストラリアでは，西オーストラリア（カルナック島）からニューサウスウェールズ（ブロートン島）にかけて分布している。分布は連続的ではなく，オーストラリア南岸の一部には，コガタペンギンの繁殖地が見られない。ニュージーランドでは，チャタム諸島からニュージーランド本土（スチュワート島含む）全体に分布している。
◆基本的生態上の特徴：コガタペンギンは，南半球の秋から夏にかけて繁殖する。唯一の「夜行性ペンギン」として知られている。成鳥は，通常，日没後に繁殖地に戻り，夜明け前に海に出る（Klomp and Wooller 1991, Chiaradia *et al.* 2007, Roderguez *et al.* 2016）。コガタペンギンは，定着性が強く，繁殖地や同じ繁殖地でもその年によって，採食生態に大きなばらつきがある（Klomp and Wooller 1989, Gales and Pemberton 1990, Cullen *et al.* 1992, Fraser and Lalas 2004, Chiaradia *et al.* 2010, 2016）。コガタペンギンは，主にカタクチイワシ等の群集性の小魚を食べる。ヒナへの給餌期には，主にカタクチイワシを採食しているが，繁殖期の全期間を通じて，オキアミや数種の頭足類を捕食することもある（Gales and Pemberton 1990, Cullen *et al.* 1992, Chiaradia *et al.* 2016）。このような餌生物の変化は，当該種が長年の繁殖成功率の低さに対応して，餌生物を選択的に採食しているからだと考えられている（Chiaradia *et al.* 2010）。

コガタペンギンの一腹の卵数は2つ（Stahel *et al.* 1987）。1繁殖期に，最大3回産卵する（Johannesen *et al.* 2003）。繁殖は，つがい形成期，交尾期，産卵期，抱卵期，警護期，給餌期の6つの主な繁殖ステージから成り（Chiaradia and Kelly 1999），その後に換羽期と次の繁殖期へと続く（Salton *et al.* 2015）。給餌期には，つがいの一方は他方よりも長く海で採食している。これは，つがいが平等に給餌をするというこれまでの通説に反する事実であり，実際に72％のつがいでこのような傾向が見られた（Saraux *et al.* 2011）。また，給餌期には，2回連続して長い採食旅行に出たり，複数の短い採食旅行を繰り返したりする（Saraux *et al.* 2011）。短期間の採食旅行は，ヒナへの給餌量を増やすことが主目的であり，長期間の採食旅行は，親鳥の体重不足が引き金になっており，親鳥自身のエネルギー補給のためだと思われる。コガタペンギンは，繁殖地と海との間を往復する時，常に群を形成し，単独で行動することは少ない（Daniel *et al.* 2007）。採食旅行の際，一部の個体は，人間の船の航路を利用することがある（Preston *et al.* 2009）。8〜12歳の比較的高年齢の個体の方が繁殖成功率が高く，より効果的な採食戦略を採用し，異なる海域で採食しているようである（Zimmer *et al.* 2011, Pelletier *et al.* 2014)。

◆**主な脅威**：コガタペンギンの主な脅威は，捕食者の増大，混獲，沿岸開発による繁殖地の減少，重油汚染，交通事故死亡事故，繁殖地での人間による妨害等である (Chiaradia 2013, Dann 2013, Cannell *et al.* 2016)。さらに，海洋環境の変化が，餌生物の採食可能性と繁殖成功率に大きな影響を及ぼしていると考えられている (Voice *et al.* 2006, Wu *et al.* 2012)。

　移入された捕食者が，繁殖地に様々な影響を及ぼし，特に飼い犬による被害や，飼育されているブタや飼い猫による被害も少なくない。コガタペンギンの場合，刺網による混獲の被害は中程度だとされているが，正確なデータはない (Crawford *et al.* 2017)。また，繁殖地周辺で行われている個人的な刺網漁は，ペンギンにかなりの悪影響を及ぼしている可能性がある (Crawford *et al.* 2017)。タスマニア島のいくつかの繁殖地は，立ち入りが禁止されているが(Lyle *et al.* 2014)，その多くは保護地区とはなっておらず，島では多数の刺網漁師が登録されている (Crawford *et al.* 2017)。

　コガタペンギンの更なる課題は，急速に変化しつつある海洋および陸上の環境にあり，特に，南オーストラリアの急速に温暖化しつつある海洋環境の問題は深刻である (Voice *et al.* 2006, Wu *et al.* 2012)。オーストラリア南西部では，海水面温度が上昇し，繁殖成功率の低下，つがい当たりのヒナの数の減少，ヒナの平均体重の減少など，様々な弊害を生んでいる (Cannell *et al.* 2012)。海洋環境の変化は，プランクトンの減少とペンギンの餌生物である，外洋性の小型魚類の減少に繋がっている可能性が高い (Hinder *et al.* 2013)。

　一方，陸上でも，春から夏にかけての数ヵ月間，地表温度が上昇すると，ヒナと成鳥の両方に，致命的な熱中症が発生する (Cannell *et al.* 2011, 2012, 2016)。この現象は，柔らかく熱をもちやすい砂が多い海岸で，巣穴ではなく，植生の下などで繁殖するつがいに，特に頻繁に発生しているようである。

　以上の問題は，特に，フィリップ島 (Satherland and Dann 2012)，メルボルンのセントキルダ (Breston *et al.* 2010, Breston 2011)，マンリー (Karlly *et al.* 2015)，オアマル (Agnew *et al.* 2016) で顕著に見られる。また，強力な保全対策が行われていない繁殖地では，深刻な個体数減少が発生しており，多くの既知の繁殖地は既に消滅している (Dann 1994, Stevenson and Woehler 2007)。

◆**進行中の保全活動ならびに今後必要な保全活動について**：コガタペンギンは，オーストラリアおよびニュージーランド両国にとって，長期的な研究プログラムの対象であり，分布域の複数箇所で，研究者主導の保全活動が行われている。コガタペンギンの多くの個体群は，人間による妨害によって深刻な脅威にさらされている。強力な保全対策のない繁殖地は，深刻な個体数減少を経験したが，これらの圧力のいくつかは，広範な保全努力によって相殺された。いくつかのボランティアおよび研究グループが，オーストラリアおよびニュージーランドの繁殖地を積極的に監視し保護している。

侵略的な外来生物，特に，ペンギンの捕食者の侵入を管理するプログラムを継続する必要がある。個体数調査やモニタリングを増やし，当該種の分布域全体で，ペンギンの死亡原因を究明する活動を行うこと。主要な繁殖地の採食海域で，保全海域の設定を実施する。繁殖地の地域住民の意識改革，および保全に対する地域社会および学校の更なる関与を奨励する必要がある。地域の保護と，的確な保護活動を必要としている亜種ならびに亜種的な個体群を特定する。

ケープペンギン, アフリカンペンギン　　◆英名：African Penguin

◆学名：*Spheniscus demersus*　　◆初出：Linnaeus, 1758

◆レッドリスト・カテゴリー：絶滅危惧種 **EN**　　◆個体数動向：減少

◆分布域 (生息域・繁殖地の総面積)：**3,920,000 km²**

◆特定の国または地域の固有種か否か：**特定の国の固有種ではない**

◆**レッドリスト・カテゴリーの根拠**：ケープペンギンは，商業漁業による餌生物の乱獲の結果，非常に急激に個体数が減少しているため，「絶滅危惧ⅠＢ類」だと評価されている。この個体数減少の傾向には，現在も緩和される兆候が全く見られないため，更なる減少を防止する緊急な保護措置が必要である。

◆**個体数推定の根拠ならびに個体数傾向の根拠について**：ナミビアの個体数は，1978年の12,162つがいから，2015年には5,800つがいに減少した。南アフリカの個体数は，1978〜1979年の調査では約70,000つがい (Shelton *et al.* 1984) だったが，2015年には19,300つがいに減少した。これは，3世代で50％を超える減少である (Kemper 2015, Hagen 2016)。

　ケープペンギンは，アフリカ南部にのみ分布し，ナミビアと南アフリカに28ヵ所の繁殖地が確認されている (Kemper *et al.* 2007, Crawford *et al.* 2013, Kemper 2015)。なお生息域の北限は，ガボンとモザンビークである (Crawford *et al.* 2013)。ナミビアでは，ネグレクトス島とペンギン島の繁殖地が復活した (Kemper *et al.* 2007)。1980年代，ケープペンギンは，南アフリカ本土のストーニー岬とボールダーズビーチに新たな繁殖地を形成し，ロベン島にも繁殖地ができた。これらの比較的新しい繁殖地は，全て南アフリカの南西部に集中している (Underhill *et al.* 2006)。また，2003年には南アフリカ本土の南岸，デフープにも繁殖地ができたが，2007年以降には消滅した。さらに，ランバート湾にあった北限の繁殖地も，2006年に消滅している (Underhill *et al.* 2006, Crawford *et al.* 2011)。

　2015年，ナミビアの総個体数は，5,700〜5,800つがいだと推定された (MFMR非公開データ)。この中には，数年間個体数調査が行われなかったいくつかの島々の推定値も含まれているので，この数値には不確実性がある (Kemper 個人的情報)。最も重要な繁殖地は，マーキュリー島 (2,646つがい)，イチャボエ島 (488つがい)，ハリファクス島 (1,092つがい)，ポセッション島 (1,205つがい) である (MFMR非公開データ)。

　2015年，南アフリカの総個体数は，約19,300つがいだと推定された。主な繁殖地は，アルゴア湾のバードアイランド (7,616つがい)，ストーニー岬 (2,843つがい)，ダッセン島 (2,533つがい)，ロベン島 (2,140つがい)，ダイアー島 (1,216つがい)，ボールダーズビーチ (1,159つがい)，その他の繁殖地合計 (982つがい) と推定されている (南アフリカ環境省 非公開データ)。つまり，現在，南アフリカでは，ケープペンギンの87％の個体群が，わずか8ヵ所の繁殖地で支えられているのである。また，南アフリカ，ケープタウン北部の繁殖地における最近の個体数減少と，ストーニー岬での個体数増加という相反する状況は，繁殖期に必要とされる餌生物 (群集性の小魚) が，より東方の海域に移動しつつあることが主な原因だと考えられている (Crawford *et al.* 2011, Waller 2011, Sherley *et al.* 2014)。

◆**基本的生態上の特徴**：成鳥の大部分は，繁殖地への定着性が強いが，主な餌生物の動きに応じて，その基本的行動も変化する (Hockey *et al.* 2005)。ケープペンギンの成鳥の海上での行動範囲は，普通，繁殖地から400キロメートル以内だが，最近は，900キロメートル離れた海域でも行動していることがわかっている (Hockey *et al.* 2005, Roberts 2015)。成鳥は，繁殖期が終わると，繁殖地で換羽し，その繁殖地と周辺海域に4ヵ月ほど留まる (Crawford *et al.* 2013, Roberts 2015)。巣立ちした若鳥は，自分が生まれた繁殖地から最大で2,000キロメートル離れた海域まで回遊する。この際，より東部の繁殖地で巣立った若鳥は西方に向かい，南アフリカ西部や南部にある繁殖地で巣立った若鳥は北方に回遊することがわかっている (Sherley *et al.* 2013, Sherley 未公開データ)。巣立った若鳥の一部や成鳥の一部は，より餌生物を獲得しやすい海域を求めて，新天地に新たな繁殖地を形成することもあるが，ほとんどの若鳥は，巣立ち後の最初の換羽の後，自分が生まれた繁殖地に戻る (Randall *et al.* 1987, Sherley *et al.* 2014, Crawford *et al.* 2013)。成鳥のほとんどは，集団繁殖地を形成するが，中には単独で巣づくりする個体もいる。海上では，単独，つがい，あるいは最大150羽くらいの群を形成して，協力しながら，採食する (Wilson *et al.* 1986, Kemper *et al.* 2007, Ryan *et al.* 2012)。ケープペンギンは，餌生物の状況によっては一年中繁殖するが，繁殖のピークは地域によって異なる (Crawford *et* *al.* 2013)。分布域の北西部では，11月～1月までの間にピークがあり，分布域の南西部では5月～7月，東部では4月～6月がピークとなる (Crawford *et al.* 2013)。最初に繁殖するのは，4～6歳だと考えられている (Whittington *et al.* 2005)。

　ケープペンギンの海上での行動は，通常は繁殖地から40キロメートル以内の海域内に限られている (Wilson *et al.* 1988, Petersen *et al.* 2006, Pichegru *et al.* 2009, 2012) が，繁殖，換羽，休息のために，南アフリカ沿岸の島や，本土の海岸で本来の繁殖地からかなり離れた場所に上陸することもある (Hockey *et al.* 2005)。繁殖地の環境は，植生が豊かで平坦な砂浜海岸だったり，ほとんど植生のない切り立った岩山がある島だったりと多様である (Hockey *et al.* 2005)。時には，岩山からなる島の頂上付近で営巣することもあり，より良い営巣地を探すため，本土の1キロメートル近く内陸まで入り込むこともある (Hockey 2001)。非繁殖期には，海上を回遊するが，その活動範囲は，ベンゲラ海流の内側に制限されている (Williams 1995)。繁殖期には，普通，繁殖地から20キロメートル以内の海域で採食するが，いくつかの繁殖地では，採食範囲が大きく異なる (Pichegru *et al.* 2009, Waller 2011, Ludynia *et al.* 2012, Pichegru *et al.* 2012)。

　成鳥の主な餌生物は，50～120ミリメートルの遠洋性・群集性の小型魚類であり，イワシのなかま，ハゼのなかま，ニシンのなかまが中心である (Crawford *et al.* 1985, Ludynia *et al.* 2010, Crawford *et al.* 2011)。また，一部の地域では，頭足類が重要な餌生物となっている (Crawford *et al.* 1985, Connan *et al.* 2016)。若鳥は幼魚を捕食するという報告もある (Wilson 1985)。

　繁殖地では，巣は，普通，グアノまたは砂に掘られた巣穴の中につくられる (Frost *et al.* 1976, Shelton *et al.* 1984)。現在では，ほとんどの繁殖地でグアノ層が破壊され減少しているため，巣穴を掘らず，直接地表に巣をつくることが一般的になっている (Kemper *et al.* 2007, Sherley *et al.* 2012, Pichegru 2013)。いくつかの繁殖地では，意図的に土中に埋設された塩ビ管や，枯れた灌木を利用して巣をつくる個体もいる (Kemper *et al.* 2007, Sherley *et al.* 2012, Pichegru 2013)。

◆**主な脅威について**：個体数の減少は，主に，餌生物分布の変化，商業的な巻き網漁業との競合，および環境変化に起因する餌生物の不足が原因である (Crawford *et al.* 2011)。沿岸20キロメートル以内での禁漁海域の設定によって，セントクロア島近海での採食行動が促進されたり (Pichegru *et al.* 2010)，ロベン島におけるヒナの生存率が改善されたり，ヒナの個体数が増加したりといった事実が確認されたのは，上記の評価を裏付ける証拠の1つだと考えられている (Sherley *et al.* 2015, Sherley 2016)。2000年代初期には，カタクチイワシ等のイワシのなかまが，南アフリカ南岸の東方海域に移動するという変化があり，これらの餌生物の成熟個体群がケープタウン北部に位置する主要な繁殖地の近海では，著しく減少した (Crawford *et al.* 2011)。これらの餌生物の豊かさが，ケープペンギンの繁殖成功率 (Crawford *et al.* 2006, Sherley *et al.* 2013)，成鳥の生存率 (Sherley *et al.* 2014, Robinson *et al.* 2015)，および若鳥の生存率 (Weller *et al.* 2014, 2016) を大きく左右する。今や，これらの生存率は，南アフリカの西部沿岸海域では，著しく低下しており，その繁殖地や生息域内での個体群を維持できないケースが出てきている (Weller *et al.* 2014, 2016)。西ケープ州の個体数は，2001～2009年の間に69％減少した。その原因は，少なくとも部分的には，気候変動にともなう餌生物の変化によるものだと考えられている。ケープペンギンの繁殖地から採食可能な範囲内に，カタクチイワシやイワシのなかまの魚種が存在しないナミビアでは，繁殖活動中の成鳥は，エネルギーや栄養価の乏しいハゼのなかまに依存せざるを得ない (Ludynia *et al.* 2010)。刺網が繁殖地近くの海域で使用されている場合，少数ではあるが，漁網による混獲の死亡率が上がる可能性がある (Ellis *et al.* 1998, Crawford *et al.* 2017)。人間活動による攪乱やケープペンギンの卵の採取は，20世紀初頭における種としての衰退を招いた重要な要因だった (Frost *et al.* 1976, Ellis *et al.* 1998, Shannon and Crawford 1999)。ケープペンギンの卵の採集は，現在では違法行為だが，その生息域の一部では，依然として違法行為が跡を絶たない。グアノ層の採取は，歴史的に多数の繁殖地における巣穴破壊の主な原因であった。また，ケープペンギンの巣穴放棄や，洪水による巣穴の喪失，ならびに巣穴を失ったことによる熱中症や遮蔽物のない場所での降雨，および捕食者からの攻撃に晒される確率の上昇もこのペンギンの個体数減少の重要な要因だった (Frost *et al.* 1976, Shannon and Crawford 1999, Pichegru 2013, Kemper 2015)。

　ケープオットセイは，主な餌生物がケープペンギンと競合しており，いくつかの繁殖地では，ペンギン

の死亡率上昇の主因となっている (Crawford *et al.* 989, Makhado *et al.* 2013, Weller *et al.* 2016, MFMR 未発表データ)。ロベン島とダイアー島における，ケープペンギン個体群に対する複数の脅威に関するモデリング調査によれば，オットセイによる捕食が個体数減少の重要な要因であることを示している (Weller *et al.* 2016)。

◆進行中の保全活動ならびに今後必要とされる保全活動について：様々な法律に基づいて，個体数動向に関する継続的な監視が，全ての繁殖地で行われている。南アフリカでは，ほとんどの繁殖地は，国立公園または自然保護区として指定され護られている。バーガーズウォークとストーニー岬の繁殖地は，正式な保護区としての指定を申請中である。ペンギン繁殖地内でのグアノや卵の採取は法的に禁止されている (Harrison *et al.* 1997, Currie *et al.* 2009)。2009年に宣言されたナミビア諸島の海洋保護区 (NIMPA) は，全てのケープペンギンの繁殖地と主要な採食海域を含む，ナミビア南部のほぼ10,000平方キロメートルの海域を保護するものである (Currie *et al.* 2009, Ludynia *et al.* 2012)。重油被害を受けた個体のほとんどは無事に回復し野生復帰している (Barham *et al.* 2007, Wolfaardt *et al.* 2008)。失われた繁殖地の多くでは，人工の巣を利用した繁殖地の復活が試みられ，いくつかの繁殖地ではこれが効果を上げて繁殖成功率を高めている (Kemper *et al.* 2007, Sherley *et al.* 2012)。南アフリカでは，繁殖地の周囲に小さな禁漁区を設けることによる，保全効果に関する研究プロジェクトが進行中である。その結果，成鳥にかかる採食負荷の軽減や，ヒナの生存率や巣立ち率の向上が見られるが，調査した全ての繁殖地でこれが見られるわけではない (Pichegru *et al.* 2010, 2012, Hagen *et al.* 2014, Sherley *et al.* 2015, Sherley 2016)。現在，南アフリカでは，2013年に官報で発表された「ケープペンギン生物多様性管理計画」に基づき，保全活動が実施されている。さらに追加的な保全計画も立案されつつある。

マゼランペンギン ◆英名：Magellanic Penguin ◆学名：*Spheniscus magellanicus*
◆初出：Forster, 1781 ◆レッドリスト・カテゴリー：近危急種 **NT** ◆個体数動向：減少
◆分布域（生息域・繁殖地の総面積）：2,340,000 km²
◆特定の国または地域の固有種か否か：**特定の国の固有種ではない**
◆レッドリスト・カテゴリーの根拠：マゼランペンギンは，分布域内の様々な所で個体数が増減しているが，全体的に見ると中程度に急速な減少が持続していると考えられている。従って，「近危急種（NT）」と評価されている。
◆個体数推定の根拠ならびに個体数傾向に関する根拠について：総個体数は，1,100,000〜1,600,000羽と推定されている。アルゼンチン沿岸に約900,000羽，フォークランド（マルビナス）諸島に少なくとも100,000羽，チリに少なくとも144,000羽，総計最大500,000つがいがいると推定されている (Boersma *et al.* 2013, 2015)。個体数増減の傾向は，各々の繁殖地や地域によって異なる。推定総個体数の70％にあたるアルゼンチン国内の66ヵ所の繁殖地の内，43ヵ所では，個体数減少率が30％を超えてはいないものの，それに近づきつつある。全体的な総個体数の減少は，過去3世代（27年間）にわたり，急速に進んだと考えられている。

マゼランペンギンの主な生息域は，南アメリカの大西洋および太平洋沿岸，アルゼンチン国内（66ヵ所の繁殖地），チリ国内（少なくとも31ヵ所の繁殖地が確認されているが，詳細で完全な調査が必要である），およびフォークランド（マルビナス）諸島（少なくとも100ヵ所の繁殖地）である (Woods 1997, Ellis 1998, Boersma *et al.* 2013, 2015)。大西洋側では，非繁殖期（冬季）には，ほとんどの個体がアルゼンチン北部，ウルグアイ，またはブラジル南部沿岸に一時的に移動し，稀にブラジル北部にまで回遊することがある (Gracla-Borboroglu *et al.* 2010, Stokes *et al.* 2014)。太平洋側では，マゼランペンギンの回遊はあまり見られないが，時折，北方へ1000キロメートル以上回遊する個体もいる (Skewgar *et al.* 2014, Putz *et al.* 2016)。しかし，非繁殖期にペルーまで回遊することはほとんどない (Zavalaga and Paredes 2009)。流鳥が，エルサルバドル (Komar 2007)，南極半島のエイヴィアン島（南緯67度46分）(Barbosa *et al.* 2007)，およびオーストラリア，ニュージーランドで目撃されている。

アルゼンチン沿岸では，66ヵ所の繁殖地の個体数変動に一貫した傾向は見られない。南大西洋パタゴニア地方沿岸，バヒア・フランクリン南部のステッティン島では，1998年には500つがいだったが，2010年には1,600つがいに増加し，さらに，2015年の調査では2,300つがいに達した。これと似たような個体数増加が，マルティージョ島でも起きており，この島では，20年間に個体数が15％増加した (Raya Rey *et al.* 2014, Raya Rey 未発表データ)。オブザベーション島では，1995年に行われた個体数調査時には，約105,000つがいがいることがわかっているが，その後，更新されていない (Schiavini *et al.* 2005)。アルゼンチンのサンタクルス州では，過去30年間，個体数は安定しており，新たに8ヵ所の繁殖地ができ，9ヵ所の繁殖地が消滅した (Frere 個人的情報 2016)。マゼランペンギンの最大の個体群が生息するアルゼンチンのパタゴニア北部に位置するチュブ州では，個体数の傾向はまちまちである。最大の繁殖地は，パタゴニア北部の南側にあるが，この地域では個体数が減少している。例えば，プンタ・トンボでは1987年時点に比べて37％個体数が減少し (Rebstock *et al.* 2016)，レオノス島，トヴァ島およびその周辺の主な繁殖地では，個体数が50％以上減少した (Boersma *et al.* 2013, 2015, Pozzi *et al.* 2015, Garcia-Borboroglu *et al.* 個人的情報 2016)。1960年代以降，繁殖個体群の多くは北方に繁殖地を移動または拡大しつつあり，新たな繁殖地が形成され急速に成長している (Schiavini *et al.* 2005, Boersma *et al.* 2013, Pozzi *et al.* 2015)。例えば，アルゼンチン，バルデス半島に位置するサンロレンツォの繁殖地では，当初数つがいしかなかったものが，現在では134,000つがいに激増し，特に2000年以降の増加率が高く，新たな繁殖地がより北方に拡大しつつある (Schiavini *et al.* 2005, Pozzi *et al.* 2015)。

チリの個体群規模については，ほとんど知られていないが，31ヵ所の繁殖地が確認されている。この内，個体数調査が実施された14ヵ所の繁殖地には，総計144,000つがいが確認されているので，チリの総個体数はそれよりもはるかに多いと推定されている (Boersma *et al.* 2015)。チリの個体数傾向は不明だが，北部およびフェルナンデス諸島にあった繁殖地は，放棄されたようである (Boersma *et al.* 2013, 2015)。

フォークランド（マルビナス）諸島では，古くから41ヵ所の繁殖地が確認されており，推定個体数は約100,000つがいだと言われてきた（Croxall *et al.* 1984）。その後，1997年，ウッズ等によって，約100ヵ所の繁殖地が報告され，総計76,000〜142,000つがいがいるとされた。しかし，Croxall等による1984年の報告は，総個体数を「最小値」としており，これ等を比較して直ちにマゼランペンギンの個体数が真に増加したと考えることはできない。一方，フォークランド（マルビナス）諸島の繁殖地の総個体数は，1980年代に比べてほぼ50％減少したという報告もあるが，これを実証するにはデータが不充分である（Woods 未発表情報 1999, Putz *et al.* 2001）。

◆基本的生態上の特徴について：マゼランペンギンは，繁殖地での過度の炎暑を緩和するために，海岸近くにある営巣地と潮間帯の間で移動しながら，暑さを避けている（Pozzi *et al.* 2013）。大西洋側では，普通，アルゼンチン沿岸の大陸棚上の海域内で移動する（Stokes *et al.* 1998, Boersma *et al.* 2002, Boersma and Rebstock 2009, Raya Rey *et al.* 2010, 2012, Rosciano *et al.* 2016）。チリおよびフォークランド（マルビナス）諸島の個体群は，主に大陸棚上の海域で，100メートルほど潜水して採食するが，通常は数十メートルしか潜水しない（Putz *et al.* 2002, Raya Rey *et al.* 2013, Putz *et al.* 2016）。抱卵期間中，マゼランペンギンに発信器を着け，人工衛星を使ったグローバル・サテライト・トラッキング調査を実施した結果，各地に点在する繁殖地から100キロメートル以上，時には600キロメートル離れた海域で採食していることがわかった（Wilson *et al.* 2005, Boersma and Rebstock 2009, Boersma *et al.* 2013, 2015）。繁殖地は，アルゼンチンの場合，灌木と草原，フォークランド（マルビナス）諸島の場合，タサック草の茂み，チリの場合，海岸の温帯雨林等に形成されることが多い。成鳥は，各々の繁殖地にかなり強い忠誠傾向を持ち，巣立ちしたほぼ全ての若鳥が，元の繁殖地に戻ってくる。また，ほとんどの成鳥は，毎年同じ巣穴を使用する（Boersma 2008）。

◆主な脅威について：マゼランペンギンが，現在直面している主な脅威は，重油流出による被害，漁業の影響，気候変動である。1980年代から1990年代初頭にかけて，アルゼンチンの海岸では，毎年20,000羽以上の成鳥と22,000羽の若鳥が，重油汚染で死亡したと推定されている（Gandini *et al.* 1994, Boersma 2008）。これらの死亡個体には，アルゼンチンの海岸で越冬するフォークランド（マルビナス）諸島の個体群の一部が含まれている可能性がある（Putz *et al.* 2000）。しかし，重油汚染による被害は，いまだに毎年100羽以上の被害を受けているチュブ州等の例はあるものの，アルゼンチン国内にあるマゼランペンギンの主な繁殖地では，減少しつつある（Boersma and Frere 個人的情報 2016）。しかし，ブラジル，ウルグアイ，アルゼンチン北部，チリでは，慢性的な重油汚染による死亡例が，依然として続いている（Garcia-Borboroglu *et al.* 2006, 2008, Matus and Blank 2008）。将来，海底油田の開発が，フォークランド（マルビナス）諸島周辺海域，パタゴニア，ウルグアイ沖合いで計画されており，これによる死亡率上昇が懸念される。より高緯度で繁殖するマゼランペンギンの個体群においては，体内に残留している水銀の値が高いこともわかっている（Frias *et al.* 2012）。有害な影響や兆候はまだ確認されていないが，水銀暴露は長期的・複合的な脅威になる可能性がある。

　マゼランペンギンは，南アメリカ沿岸で行われている刺網，トロール網，巻き網による混獲被害を受けていることが確認されている（Gandini *et al.* 1999, Tamini 個人的情報 2016 等多数）。また，これらによる餌生物の乱獲にもさらされているが，混獲や乱獲による個体数動向への影響は，定量化されていない（Boersma *et al.* 2015）。アルゼンチンにおけるメルルーサ漁は，1990年代の乱獲により商業的には崩壊した（Alemany *et al.* 2013）。しかし，アルゼンチンにおけるカタクチイワシ漁の潜在的な拡大が，マゼランペンギンの繁殖成功率に影響を及ぼす可能性がある。また，アルゼンチン，パタゴニア北部の漁業は，カタクチイワシとメルルーサの稚魚に関連して，混獲の確率増加や，乱獲による餌生物の不足による繁殖成功率の低下を招く可能性がある（Frere *et al.* 1996, Gandini *et al.* 1999, Scolaro *et al.* 1999, Wilson *et al.* 2005）。

　チリの一部の地域では，マゼランペンギンの卵や成鳥は，食料や資源として人間に利用され，成鳥は漁業の餌として利用されてきた（Suazo *et al.* 2013, Boersma *et al.* 2013, Trathan *et al.* 2014, Boersma *et al.* 2015）。繁殖地への野良犬その他の捕食者の侵入により，局所的な絶滅が起きたが（Suazo *et al.* 2013），全体的な個体数レベルの低下については定量化されていない。過去には，フォークランド（マルビナス）諸島とチリの繁殖地の一部では，マゼランペンギンの卵の採取が行われた。さらに，観光がうまく管理されていない場合，繁殖

地の個体群を混乱させる可能性がある (Boersma 2008)。

　気候変動が，マゼランペンギンの繁殖地に影響を与えることが報告されている。具体的には，繁殖地における降水量の増加がペンギンのヒナを濡らし，低体温による死亡率を高めたり，巣穴の崩壊を招いている (Boersma *et al.* 2009, Boersma and Rebstock 2014)。気候変動モデルの分析によれば，マゼランペンギンの生息域の大部分で降水量が増加し，多くの繁殖地で繁殖成功率の低下が起きると予測されている (Boersma and Rebstock 2014)。気候変動により，繁殖の同期性が損なわれ，ヒナが冷たい雨水に濡れる期間が長くなった (Boersma and Rebstock 2014)。以上の脅威の多くは，単独で考えた場合，個体数への影響は少ないと思われるが，相乗的な悪影響を生じる可能性がある。

◆**進行中の保全活動ならびに今後必要とされる保全活動について**：多くの非政府組織，学術機関および個人がマゼランペンギンの保全に取り組んでおり，多くの研究データが高度な保全活動を支えている。アルゼンチン，チュブ州では，沖合いを通るタンカーの航路が，1997年，既定の位置からさらに40キロメートル沖合いに移動された。これと共に，港での重油ならびに原油積載施設の改良が実施され，ペンギンへの重油汚染被害が劇的に減少した (Boersma 2008)。チュブ州に位置するプンタ・トンボの管理計画は実施されているが，中部地方当局の都合により，まだあまり効果を上げていない。アルゼンチン政府は，マゼランペンギンの主な繁殖地といくつかの採食海域（パタゴニアオーストラル周辺海域，ピンギーノ島周辺海域，マケンケ周辺海域，モンテレオン周辺海域）を含む沿岸一帯を，新たな「海洋保護公園」として指定した。具体的には，この新たな「ユネスコ世界自然遺産」には，20ヵ所の繁殖地が含まれ，さらに，最大の繁殖地（プンタ・トンボ）を保全するための新たな「海洋保護区（MPA）」が設けられたのである (Boersma *et al.* 2015, Garcia-Borboroglu *et al.* 2015)。

　しかし，残念ながら，この新たな保護区内にある多くのペンギン繁殖地には，効果的な保全計画やそれを実施するだけの条件が整っていない。海洋保護区（MPA）は，一般的に，移動性の高いペンギン個体群の保全には不向きであるため，保全を効果的に推進するためには，新たな保全のための組織やスタッフ，機材が必要である (Boersma *et al.* 2002, 2007, 2015, Garcia-Borboroglu *et al.* 2008)。CADIC-CONICET は，ティラ・デル・フエゴ州政府と共同で，ステッティン島保護区の管理計画策定に取り組んでおり，ペンギンのラジオトラッキング調査の結果に基づいて，新たな海洋保護区を設定しようとしている (Rosciano *et al.* 2016)。
今後は，正確な個体数調査を着実に実施し，アルゼンチン，チリ，フォークランド（マルビナス）諸島における若鳥の実数把握に努める。繁殖地周辺，ならびに越冬地域周辺海域での漁業による影響を調査する必要がある。越冬地域および重要な繁殖地を海洋保護区として指定し，そこでの実質的な保全活動を充実させる。繁殖地への観光客の訪問を時間的にコントロールして，ペンギンへの影響を低減する必要がある。新たな疾病，感染症，ならびに火災への緊急時対策を策定する必要がある。

フンボルトペンギン　◆英名：Humboldt Penguin　◆学名：*Spheniscus humboldti*

◆初出：Meyen, 1834　◆レッドリスト・カテゴリー：危急種 **VU**

◆個体数規模：32,000羽　◆個体数動向：減少　◆分布域 (生息域・繁殖地の総面積)：2,710,000 km²

◆特定の国または地域の固有種か否か：固有種ではない

◆レッドリスト・カテゴリーの根拠：この種については，チリの主要な繁殖地で極端な個体数の変動が生じているが，その個体数と傾向については，不確実性が大きい。また，ペルーの繁殖地で確認されている個体数減少と繁殖地数の全体的な減少の背景には，根本的な原因があると思われる。従って，フンボルトペンギンの種としての存続は極めて脆弱な状態にあると考えられる。ただし，全個体数の大半を占めるチリの個体群が安定していることが判明した場合，この種の評価を変更する必要がある。

◆個体数規模および個体数傾向推定の根拠：成鳥と亜成鳥を含む換羽を終えた個体数は，チリでは，発表された全ての個体数調査を平均すると33,400 ± 2,400個体となる (Wallace and Araya 2015)。また，ペルーでは，約10,900 ± 6,900羽 (P. McGill 個人的情報) である。双方を勘案すると，成鳥の個体数はおよそ32,000だと考えられる。個体数動向に関する現状を分析すると，過去3世代について行われた個体数調査の質に深刻な不確実性が見られ，チリとペルーの繁殖地で実施された個体数調査の方法に重大な欠陥があったと言わざるを得ない (Simeone and Cardenas 未発表情報)。一方，ペルーのほとんどの繁殖地は，1980年から2008年の間に個体数が減少した (Vianna *et al.* 2014)。これとは対照的に，チリ北部の一部の繁殖地では，同じ時期に個体数の増加をみた。しかし，チャナラル島最大の繁殖地における大規模な個体数増加は，過去に行われた個体数調査が過少評価だった結果であり，実際には個体数は増加していなかった可能性が高い (Mattern *et al.* 2004, Vianna *et al.* 2014)。チリ中部の繁殖地における個体数は，安定または減少傾向にある。以上の状況を総合的に判断すると，フンボルトペンギンの総個体数の全体的な傾向を正確に評価することは，現状では難しく，さらなる研究・調査が必要である。とはいえ，全体的な個体数の安定性や増加傾向が見られないことを勘案すると，現在の個体数は減少傾向にあると予防的に判断するのが妥当である。

◆分布と個体数の傾向：フンボルトペンギンは，ペルーのフォカ島 (南緯5度12分) からチリ南部のグアフォ島 (南緯43度32分) までの，南米大陸太平洋岸に沿って分布する。ペルーのプンタ・アグハ (南緯5度47分) とチリのイスラメタキ (南緯42度12分) の間には，少なくとも49ヵ所の繁殖地が確認されている (Araya *et al.* 2004, Reyes-Arriagada *et al.* 2009)。主要な繁殖地の個体数は，ペルーのプンタ・サン・フアン (3,160羽)，イスラ・サンタローザ (3,490羽)，およびチリのパン・デ・アスーカル (1,600羽)，チャナラル (14,000羽)，イスラ・チョロス (1,860羽)，ティルゴ (2,640羽)，イスラ・パハロス (1,200羽) である。例外的に流鳥がアラスカで発見されたという報告があるが，船で運ばれた個体が脱出または放棄された可能性が高い (Van Buren and Boersma 2007)。

　歴史的には，ペルーとチリ北部での大規模なグアノ (糞化石) 採掘により，1800年代半ば以降，個体数は深刻な減少に見舞われ，繁殖地が消滅していった (Murphy 1936)。ジョンソンによれば (1965年)，フンボルトペンギンは，グアノ採掘開始前には「数十万羽」いたと言われている。しかし，1980年代初期，1982〜83年のエルニーニョ現象直前には，総個体数は16,000〜20,000羽だと推定されていた (Hays 1986, Araya and Todd 1988)。エルニーニョ現象の後，総個体数は5,000〜6,000羽に減少したが，この減少が，実際に死亡率の上昇を示しているのか，あるいは単にペンギンが繁殖地を一時的に離れて分散しただけなのかについては，不明である (Hays 1986, Araya and Todd 1988)。

　サテライト・トラッキング (人工衛星を利用した追跡研究) によれば，個体群の一部が，冬の間に600〜1,000キロメートル北方に移動していることが判明している。このような移動は，チリ北部 (Culik and Luna-Jorquera 1997) およびチリ南部 (Putz *et al.* 2016) の繁殖地で観察されている。フリッパーバンド (翼に着けられた標識：翼帯ともいう) を確認する調査 (Wallace *et al.* 1999) によれば，チリ中部の繁殖地から南方に600キロメートル，北方に80キロメートルまでの範囲に個体群が分散していることがわかった。ペルーでのテレメトリー研究によれば，プンタ・サン・フアン (南緯15度22分) で繁殖した個体が，そこで換羽した後，チリのマゼラン海峡海域 (南緯49度51分) まで移動していることがわかった (Paredes *et al.* 未公開データ)。

◆基本的生態上の特徴：グアノ層や土に巣穴を掘ったり，地表に浅いすり鉢状の巣をつくったり，岩や植

195

生の根本に巣をつくったり，岩の割れ目や海岸部の洞窟の中あるいは防波堤の隙間等を利用して，その中に巣をつくったりする。繁殖地の多くは，大陸に近い島や岩場が多い大陸の海岸部にある (Battistini and Paredes 1999, Simeone and Bernal 2000, Paredes and Zavalaga 2001)。グアノ層が残っている海岸部高台の傾斜地を好む傾向がある (Paredes and Zavalaga 2001)。

餌生物が豊富であれば，一年中いつでも繁殖するが，秋冬（4月〜7月）と春（8月〜12月）に2つの繁殖のピークがあり，より低緯度のペルーからより高緯度のチリの繁殖地へと，繁殖開始時期が移っていく (Paredes et al. 2002, Simeone et al. 2002, de la Puente et al. 2013)。換羽期は，成鳥の場合1月〜2月だが，幼鳥の場合には同期性がない (Simeone et al. 2002, Paredes et al. 2013)。フンボルトペンギンの多くは定着性が強く，一年中同じ繁殖地を離れないが，例外も報告されている。特定の繁殖地の一部の個体は，換羽が終わると繁殖地を離れることがある（3月）。例えば，パン・デ・アスーカルの場合，繁殖地を離れた個体は北へ600キロメートル以上移動し (Culik and Luna-Jorquera 1997)，プニウィルの個体は1,000キロメートル以上北へ移動する (Putz et al. 2016)。

餌生物は，生息地周辺の海域によって多様である。カタクチイワシ，ニシン，タラがある (Herling et al. 2005)。一般に，フンボルトペンギンは，繁殖地近くの沿岸海域の餌生物に依存している (Taylor et al. 2002)。ヒナへの給餌期間中，ふつう親鳥たちは繁殖地から20〜35キロメートル以内の海域で採食するが，抱卵期には，最大72キロメートル遠くまで出かけることもある (Culik and Luna-Jorquera 1997, Culik et al. 1998, Chiu et al. 2011)。また，ふつう水深30メートル以内の比較的浅い潜水を繰り返す (Taylor et al. 2002) が，チリのパン・デ・アスーカルでは，最大53メートル潜水していることが分かっている。

◆主な脅威：フンボルト海流には，エルニーニョとラニーニャが交互に発生することによる生産性の大きな変動がある。エルニーニョ期間中，餌生物は極端に減少し (Culik et al. 2000, Taylor et al. 2002)，巣の放棄やヒナの死亡率上昇をひきおこす (Paredes and Zavalaga 1998, Simeone et al. 2002)。対照的にラニーニャの際には，餌生物の獲得は容易になり，ヒナの生存率や繁殖成功率が高まる (Simeone et al. 2002)。エルニーニョ現象の発生頻度とその強さが増していくに従って，ガラパゴスペンギンにおいても観察されたような，体力と繁殖成功率の回復力が次第に失われていくという事態が起きる可能性がある (Boersma 1998, Vargas et al. 2006)。局所的な豪雨による洪水が，一部の繁殖地（特に，雨で崩れやすいグアノ層にある繁殖地）では，成鳥の死亡や繁殖成功率の低下を招いていることが記録されている。

フンボルトペンギンの採食海域内では，多数の小型刺網漁船が操業しており，これは大型漁船による漁業よりも，混獲の可能性を高めるという意味で，大きな脅威である (Crawford et al. 2017)。ペルーとチリの企業的漁業は，ペンギンの主要な餌生物であるカタクチイワシを主な獲物としている (Jahncke et al. 2004)。フンボルト海流の生態系に依存している何種類もの海鳥にとって，餌生物である主要な魚種が大量漁獲されることは大変深刻な脅威であり，すでに今の時点で，企業的漁業開始以前のレベルまで，これらの海鳥たちの個体数を回復することは不可能だと考えられている。また，チリ，ペルー両国の零細な刺網漁船の操業が，ペンギンの混獲をひきおこしている (Simeone et al. 1999, Wallace et al. 1999, Skewgar et al. 2009, Majluf et al. 2002, J.Alfaro-Shigueto個人的情報)。さらに，フンボルトペンギンは，他の様々な漁法や魚網を用いた大規模な企業的漁業によって，混獲の被害を受けている (Crawford et al. 2017, Simeone et al. 1999)。多くの個体が繁殖地を離れる冬季には，混獲被害がより拡大する。ペルーでは，漁師が爆発物を用いた違法な漁をすることがあり，これによってもペンギンが死亡している (J. Reyes個人的情報)。爆発物を用いた違法な漁は，チリでも行われることがあるが，その頻度はペルーほどではないという (CONAF：チリ政府環境保護省2016)。

野生化したイエネズミが放棄されたペンギンの卵を食べているということが，チリ北部と中部にあるいくつかの繁殖地で観察されている (Simeone and Luna-Jorquera 2012) し，ペルーのプンタ・サン・フアンでは，ヒナを捕食することが報告されている (Alayza個人的観察情報)。また，チリ中部のパハロ・ニーニョ島では，野生化したイヌ（野良犬）が成鳥を殺しているという報告もある (Simeone and Bernal 2000)。これ以外に，フンボルトペンギンの繁殖地には，もともと野生の猛禽類であるカラカラ，海岸部にはミナミオオセグロカモメ，ヒメコンドルが生息していて，ペンギンの卵やヒナを捕食し，高い死亡率の一因となっている (M. Cardena個人的情報)。

人間活動による撹乱やストレスは，特定の繁殖地において，重大な影響を及ぼしている。チリ北部(Simeone and Schlatter 1998, Ellenberg *et al.* 2006, CONAF 2016) およびペルー (Simeone and Schlatter 1998) では，ロコガイやウニ，海藻等を採りに，漁師や観光客が，ペンギンの繁殖地に入り込むことが日常的に行われている。チリのプニウィル島では，無許可でペンギンの繁殖地に侵入した観光客による巣穴の破壊（踏み潰してしまう）が発生し，ペルーでは，グアノ採取業者による巣穴の破壊が頻発している (P. Majluf 個人的情報)。フンボルトペンギンは，人間を非常に警戒し恐れる傾向が強いので，人間が頻繁に訪れる場合は，繁殖成功率が極端に低下する (Ellenberg *et al.* 2006)。

　長期間にわたる歴史的なグアノの過剰採取により，フンボルトペンギンの個体数は激減し，繁殖地内で有効に使用できる巣穴の絶対数や質が大幅に低下した (Coker 1920, Murphy 1936)。軽く水はけが良いグアノ層が取り去られることによって，ペンギンが良好な巣穴を掘ったり維持したりするのに必要な土壌の質が低下する (Murphy 1936, Duffy *et al.* 1984, Paredes and Zavalaga 2001)。グアノ採掘業者による直接的な巣穴の破壊や成鳥・ヒナ・卵の捕獲や遺棄に加えて，繁殖活動全般が著しく妨害されたり，業者が持ち込んだイヌやネズミ等によって，成鳥・ヒナ・卵が被害を受け，繁殖成功率は一段と低下することがある (Duffy *et al.* 1984)。21世紀に入ってからも，チリ北部の主要な繁殖地周辺の沿岸部や南緯29度～30度の沿岸海域では，石炭火力発電所の建設 (Carcamo *et al.* 2011) や，グアノの大規模な採掘計画 (E. Vilaplana 未公開情報 2018) が進行しつつあって，フンボルトペンギンの繁殖地に脅威が迫っている。

　さらに，ペルー最大の繁殖地であるプンタ・サン・フアンに近い湾では，工業用メガポートの建設が認可されたため (P. Majluf 個人的情報)，その大規模な建設工事や人間の往来，船舶や車両の航行や通行量の急増，人口増大による繁殖への悪影響が心配されている。また，チリ北部では，地元で食用にするためペンギンの卵が採取されたり，魚やカニを捕るための餌として，ペンギンの成鳥の肉が使われることもある。

　いくつかの繁殖地周辺では，重油流出事故の危険がある。チリ中部では，2015～2016年の間に，大規模な重油流出事故が2件発生し，800羽の成鳥がいるカチャグアの繁殖地を脅かしている。長期的に見ると，一回でも重油被害を受けた場合，つまり，重油を浴びたり少量でも飲み込んだりしたことがあれば，その個体の繁殖成功率は低下する可能性が高い。また，重油汚染による海洋環境の悪化は，気候変動の影響も勘案すると，ペンギンの捕食生物の減少につながる可能性がある。

◆進行中の保全活動：ペルーとチリの繁殖地は，定期的に監視されている。2010年1月，ペルー政府は「グアノシステム国立保護区（Decreto Supremo 024-2009-MINAM）を設けた。フンボルトペンギンの繁殖地周辺の岬と島を包括するこの保護区は，繁殖地を完全に守っており，さらに周辺の主要な採食海域を保護している。サンフェルナンド国立保護区（2011年7月にデクレトスプレモ017-2011-MINAMによって設立された）も，フンボルトペンギンの主要な繁殖地を保護している。囓歯類の監視と駆除は，最近，プンタ・サン・フアンで開始された。最近，チリ森林局は，チリ北部のチョーラ島のウサギを根絶し，国内および特に保護地域ネットワーク内での保全活動を改善することを目的とした「種保全のための行動計画」を策定した (CONAF 2016)。現在，サンティアゴの国立動物園（チリ）は，野生個体群から採取された抱卵放棄卵（有精卵）からヒナを育てることにより，ex-situ プログラム（生息域外保全活動計画）の開発に成功している。最近，日本の下関市立海洋科学館（海響館）は，凍結した精子を使用してメスのペンギンに人工授精することに成功した (K. Ueda 個人的情報 2016)。

◆提案されている保全活動：現在，ペルーとチリの個体数推定値は，異なる方法で集計されており，これによって，総個体数の正確な比較や科学的推定が妨げられている。従って，ペルーとチリ両国で共通の統合された個体数調査の方法論を確立する必要がある。すなわち，両国のフンボルトペンギンの個体数を評価するための最適な調査時期と具体的方法を調整して，決定する（例えば，フンボルトペンギンの繁殖状況と換羽に関する個体数調査を両方とも実施するか否かについて調整して決定する）。ペンギンの分布，個体数，繁殖成功率の上昇に，特定の脅威がどの程度影響を与えているかについて，定量化していく。個体数規模，分布，繁殖成功率に気候変動がどのような影響を与えているか特定し，定量化する。若鳥の分散と生存率，将来的な繁殖成功率，正確な個体数，主要な繁殖地における基本的な生活史を把握する。陸上（繁殖地）と海上（採食海域）の両方で，保全に不可欠な領域・範囲を特定し，主要な繁殖地を監視しな

がら，餌生物が豊富な時期と不足する時期との変動について，詳細なデータを蓄積する。エルニーニョ中に観測された個体数の変動が，死亡個体数の増加，または繁殖地の移動（分散）のどちらか，あるいはその両方によって引き起こされているか否かについて確認する。企業的漁業の適正な管理と基本政策に関する情報を収集し，海洋生態的パラメーターに基づいて漁獲割当量を決定したり，漁業禁止期間や海域を設定したりできるようにしつつ，対象となるペンギンの餌生物の動向を監視する。フンボルトペンギンの種としての存続に不可欠な健康上のパラメーターを確定する。現在の海洋保護区（MPA）システムが，フンボルトペンギンを効率的に保護できているか否かについて評価し，少なくとも繁殖期には，主要な繁殖地の周囲にさらに追加的な保護区を拡張して，ペンギンの採食海域を確保する。保護区が既に存在する繁殖地では，保全活動スタッフが保護区の効果について常に監視し，必要に応じて，管理計画を変更したり，測定可能な新たなパラメーターを設定したりできるようにする。フンボルトペンギンの生息域全体にわたって，刺網による混獲を減らすことが急務である。企業的なカタクチイワシ漁は，フンボルトペンギンにとって最大の脅威であるので，エルニーニョ中の漁獲圧力を軽減する生態学的パラメーターと予防的対処法を含む，栄養学ならびに海洋学的モデルを設定し，総漁獲可能量を推算する必要がある。繁殖地への介入と撹乱要素を軽減し，繁殖地をよりよく保全するため，持続可能なグアノの採掘方法を研究する。捕食者，特にネズミの根絶を続ける。フンボルトペンギンや海鳥の保全に関する成人ならびに子供向けの教育プログラムを開発し，地域の人間活動と経済的発展との両立を目指す，保全活動への理解を深める努力を継続する。

ガラパゴスペンギン　◆英名：Galapagos Penguin　◆学名：*Spheniscus mendiculus*

◆初出：Sundevall, 1871　◆レッドリスト・カテゴリー：絶滅危惧種 **EN**　◆個体数動向：減少

◆分布域（生息域・繁殖地の総面積）：15,500 km^2

◆特定の国または地域の固有種か否か：エクアドルの固有種

◆**レッドリスト・カテゴリーの根拠**：ガラパゴスペンギンは，長期的なモニタリングの結果，主に極端な海洋環境の変動により，深刻な被害を受けていることが確認されている。これ等の変動によって，過去3世代（34年間）で全体的に非常に急速な個体数減少が引き起こされた。さらに，当該種は基本的に個体数が少なく，分布も非常に狭い範囲に限定されており，ほぼ全個体が1ヵ所で繁殖していると考えてよい。従って，かなり厳しい危険にさらされていると評価できる。

◆**個体数推定の根拠ならびに個体数の傾向に関する根拠について**：個体数は少ないと考えられているが，正確な数は不明である。1983年には700羽，1971年には10,000羽だった。2009年の個体数は1,800～4,700羽だった（Boersma *et al.* 2013, 2015）。1971～72年，1982～83年，1997～98年のエルニーニョ（南方振動：ENSO）により，ガラパゴスペンギンの個体数は，1970年代初期の個体数の半分に減少した（Boersma 1977, Mills and Vargas 1997, Boersma 1998, Ellis *et al.* 1998, Vargas *et al.* 2005, 2006, 2007, Boersma *et al.* 2013, 2015）。具体的には，1970年には2,020羽，1971年には2,099羽だったが，2007年には1,009羽に半減していた（Boersma *et al.* 2013, 2015）。

　ガラパゴスペンギンは，1970年から2004年の間に60％減少し，これは丁度，過去3世代（34年間）に60％の減少に相当する。1965年から2004年の間に，ガラパゴス諸島で記録されたエルニーニョ現象の頻度を基礎に想定されている次の「エルニーニョ・シナリオ」によれば，今後100年以内に約30％の絶滅の可能性が示されている（Vargas *et al.* 2007）。

◆**分布と個体数について**：ガラパゴスペンギンはガラパゴス諸島（エクアドル）の固有種である。18種知られているペンギンの内，最も北に分布している。繁殖地は，イザベラ島，フェルナンディナ島，フロレアナ島，サンティアゴ島およびそれ以外のいくつかの島に分散している。個体数の約95％は，ガラパゴス諸島西部のイザベラ島とフェルナンディナ島に分布している（Vargas *et al.* 2007, Boersma *et al.* 2013, 2015）。イザベラ島には，ガラパゴスペンギンの大部分が生息しているが，移入された捕食者による深刻な悪影響が懸念されている。主な繁殖地は，ガラパゴス諸島最西端の2つの島の海岸に沿って広がり，約400キロメートルの海岸線に分布している。そこには，全ての巣の96％が存在する（Steinfurth 2007）。繁殖期には，ペンギンは海岸と巣の近くの海域で採食するが，繁殖に加わっていない成鳥は，さらに沖合いに進み，繁殖地から遠ざかる傾向がある。若鳥は，繁殖地から離れることがほとんどない（Boersma 1977, Vargas *et al.* 2005, Steinfurth 2007, Steinfurth *et al.* 2008）。流鳥がパナマで記録されている（Eisenman 1956, Ridgely and Gwynne 1976）。

◆**基本的生態上の特徴**：ガラパゴスペンギンは赤道直下に分布しているので，18種いるペンギンの中で，最も北に分布している。その分布は，ガラパゴス諸島西部の，水温が低く栄養分に富んだ海水の分布に密接に関わっている。すなわち，ペンギンの分布は，湧昇流が存在し高密度の餌生物が発生する海域の近くに集中している（Boersma *et al.* 1977, 1978, Karnauskas *et al.* 2015）。ガラパゴスペンギンは，高潮線のすぐ上に巣をつくり，波打ち際に近い比較的浅い海域で採食する（Mills 2000, Steinfurth *et al.* 2008, Boersma *et al.* 2013, 2015）。ガラパゴスペンギンは，年間を通じて繁殖し，繁殖回数は湧昇流の増減に対応している（Boersma 1978, Steinfurth 2007, Boersma 2013, 2015）。ヒナの育雛中，成鳥は繁殖地から最大23.5キロメートル沖合いの海域で採食するが，普通は海岸から1キロメートル以内の海域で採食する（Steinfurth 2007）。繁殖期間中，ガラパゴスペンギンは，繁殖地から離れようとしない。繁殖に加わらない個体（成鳥と若鳥）は，繁殖地から最大64キロメートル移動することがある（Boersma 1977, Vergas *et al.* 2006, Steinfurth 2007）。ヒナが巣立った後も，餌生物が豊富であれば，成鳥は次の繁殖に入る（Boersma *et al.* 2017）。

◆**主な脅威について**：最近数十年，ガラパゴスペンギンは，主に浅い海域での餌生物（魚類）の捕獲率に関するエルニーニョ（南方振動）の影響にさらされてきた（Boersma 1978, 1998, Vargas *et al.* 2005, 2006, 2007, Boersma *et al.* 2013, 2015）。1982～83年と1997～98年に，ペンギンの個体数は，各々77％，65％減少した。その後，個体数は増加に転じたため，全体の個体数は比較的安定していた可能性がある。その後，正確な

個体数調査が行われた2009年までの間に，個体数はわずかに増加した。しかし，このような増加にも拘わらず，総個体数は依然としてエルニーニョ以前の個体数を48％下回っていた (Mills and Vargas 1997, Boersma 1998, Ellis et al. 1998, Vargas et al. 2007)。1982〜83年のエルニーニョ（ENZO）からの回復は，ラニーニャによる海水面温度低下の頻度が少なく，海水面温度が常に平年の水温を上回っていたため，遅くなった可能性がある (Boersma 1998, Vargas et al. 2007)。エルニーニョ関連の影響は，ガラパゴスペンギンの分布が非常に限定的であるため，他のフンボルトペンギン属に比べて，より大きなものになる可能性がある (Trenberth and Hoar 1996, 1997, Houghton et al. 2001, Karl and Trenberth 2003)。また，エルニーニョによる影響は，病気等，他の脅威からの回復力も低下させる可能性があり，重油汚染や捕食者による被害が拡大する可能性がある (Boersma 1998, Vargas et al. 2007)。冷たい湧昇流の海域は気候変動の影響を受けて常に変化しており (Karnauskas et al. 2016)，ガラパゴス諸島周辺海域の冷水塊は，北方に向かって次第に拡大している。これに伴って，赤道海底流の平均的な流域が変化し，ガラパゴスペンギンに影響を及ぼす可能性がある (Karnauskas et al. 201)。

　ガラパゴス諸島の西部海域では，地元の漁船が浮網を使用した漁をしており，ペンギンの混獲が生じているという報告がある (Cepeta and Cruz 1994)。刺網は，違法であるにも拘わらず，ガラパゴス海洋保護区内で定期的に使用されており，明確な数は不明だが，混獲が記録されている。

　重油流出事故による海洋汚染は，別種の深刻な潜在的脅威をもたらす可能性がある。ネズミ，ノラネコ，飼い犬等の捕食者による被害は，多くの島で問題となっている。例えば，ある繁殖地では，1頭のノラネコが，成鳥の49％を捕食したという報告がある (Steinfurth 2007)。ノラネコはまた，寄生虫の媒介生物であり，最近，ペンギンの死体から疑わしい寄生虫が発見されている (Boersma et al. 2013, 2015)。蚊は，人間によって1980年代にガラパゴス諸島に移入されたが，それは鳥マラリアや西ナイルウイルスの媒介生物であり，フンボルトペンギン属のなかまは，これ等の病気に感染しやすいため，ガラパゴスペンギンにとっても脅威となる可能性がある。ガラパゴスペンギンでは，まだこれ等の病気の大量発症事例はないが，観光客等の活動により，発症リスクは高まっていると考えられる。

◆進行中の保全活動ならびに今後必要とされる保全活動について：ガラパゴスペンギンの全個体群は，ガラパゴス国立公園とガラパゴス国立公園局（GMPS）およびガラパゴス海洋保護当局によって管理されているガラパゴス海洋保護区内に分布している。繁殖地へのアクセスは厳しく規制されており，成鳥や卵の採取は禁止されており，研究活動も特別な許可がある場合のみ，許されている。移入捕食者は，GMPSによって制御されている。いくつかの島では，持ち込まれた捕食者が首尾よく駆除された。ガラパゴスペンギンのより質の高い繁殖地を整備するため，2010年に人工的な巣が設置され，その一部は実際に使用されている (Boersma 個人的情報)。ガラパゴスペンギン保全のため，エクアドル大統領は，2016年，3ヵ所のペンギン繁殖地の海洋保護区内に「ノーテイクゾーン（釣り禁止ゾーン）」を設定するよう声明を出した。ガラパゴス海洋保護区では，国立公園と共に，島内の子供たちのための教育プログラムを開発した。

　ガラパゴス海洋保護区内の個体数の長期モニタリング，漁業管理の改善，保全レベルの向上が急務である。外来種によるペンギンの死亡率の監視と最小化が必要である。保全対策の具体的推奨事例は，Boersma等の研究グループによって提案されている。

ペンギンを飼育している日本の水族館・動物園一覧 (2019年12月現在)

所在地	園館名	キングペンギン	エンペラーペンギン	ジェンツーペンギン	キタジェンツーペンギン	ミナミジェンツーペンギン	アデリーペンギン	ヒゲペンギン	マカロニペンギン	キタイワトビペンギン	ミナミイワトビペンギン	コガタペンギン	ケープペンギン	マゼランペンギン	フンボルトペンギン
北海道	おたる水族館				●										●
	サンピアザ水族館									●			●		●
	登別マリンパークニクス	●			●								●		
	札幌市円山動物園														●
	旭川市旭山動物園	●			●						●				●
	釧路市動物園														●
	稚内市ノシャップ寒流水族館														●
	ノースサファリサッポロ												●		
青森県	弥生いこいの広場														●
	浅虫水族館														●
岩手県	岩手サファリパーク												●		
宮城県	セルコホームズーパラダイス八木山														●
	仙台うみの杜水族館														●
秋田県	男鹿水族館GAO				●					●					
	秋田市大森山動物園ミルヴェ														●
山形県	鶴岡市立加茂水族館														
福島県	環境水族館アクアマリンふくしま														
	東北サファリパーク												●		
茨城県	アクアワールド茨城県大洗水族館														●
	日立市かみね動物園														●
栃木県	宇都宮動物園													●	
	那須どうぶつ王国				●								●		●
群馬県	桐生が岡動物園														●
埼玉県	埼玉県こども動物自然公園														●
	東武動物公園	●													
千葉県	鴨川シーワールド	●		●							●			●	●
	千葉市動物公園												●		●
	市原ぞうの国														●
東京都	サンシャイン水族館												●		
	葛西臨海水族園	●										●	●		●
	しながわ水族館												●		
	アクアパーク品川	●		●					●				●		●
	すみだ水族館													●	
	上野動物園												●		
	井の頭自然文化園														●
	羽村市動物公園														●
	江戸川区自然動物園														●
神奈川県	八景島シーパラダイス	●		●			●				●	●	●		●
	川崎市夢見ヶ崎動物公園														●

所在地	園館名	キングペンギン	エンペラーペンギン	ジェンツーペンギン	キタジェンツーペンギン	ミナミジェンツーペンギン	アデリーペンギン	ヒゲペンギン	マカロニペンギン	キタイワトビペンギン	ミナミイワトビペンギン	コガタペンギン	ケープペンギン	マゼランペンギン	フンボルトペンギン
神奈川県	横浜市立野毛山動物園														●
	よこはま動物園ズーラシア														●
	京急油壺マリンパーク									●					
	新江ノ島水族館														●
新潟県	新潟市水族館　マリンピア日本海										●				●
	上越市立水族博物館													●	
	長岡市寺泊水族博物館													●	
富山県	魚津水族館														●
	富山市ファミリーパーク														●
	高岡古城公園動物園														●
石川県	のとじま水族館													●	●
	いしかわ動物園													●	
福井県	越前松島水族館	●		●							●				●
山梨県	甲府市遊亀公園付属動物園													●	
長野県	須坂市動物園														●
	長野市茶臼山動物園														●
	小諸市動物園														●
	飯田市立動物園														●
静岡県	伊豆・三津シーパラダイス													●	
	下田海中水族館	●													
	静岡市立日本平動物園														●
	浜松市動物園														●
	伊豆シャボテン公園												●		
	あわしまマリンパーク														●
愛知県	南知多ビーチランド	●				●									●
	碧南海浜水族館														
	名古屋港水族館		●	●			●	●					●		
	のんほいパーク（豊橋総合動植物公園）	●			●							●			●
	東山動植物園	●								●					●
三重県	鳥羽水族館														●
	志摩マリンランド													●	
	伊勢夫婦岩ふれあい水族館シーパラダイス													●	
	大内山動物園														●
京都府	宮津エネルギー研究所　丹後魚っ知館													●	
	京都水族館												●		
	京都市動物園														●
	福知山市動物園														●
大阪府	海遊館	●				●	●					●			
	生きているミュージアム　ニフレル												●		

所在地	園館名	キングペンギン	エンペラーペンギン	ジェンツーペンギン	キタジェンツーペンギン	ミナミジェンツーペンギン	アデリーペンギン	ヒゲペンギン	マカロニペンギン	キタイワトビペンギン	ミナミイワトビペンギン	コガタペンギン	ケープペンギン	マゼランペンギン	フンボルトペンギン
大阪府	天王寺動物園	●													●
	みさき公園														●
兵庫県	神戸市立須磨海浜水族園													●	
	城崎マリンワールド	●													●
	姫路市立水族館														●
	神戸市立王子動物園														●
	神戸どうぶつ王国												●		
	姫路市立動物園													●	
	姫路セントラルパーク												●		
和歌山県	和歌山公園動物園														●
	アドベンチャーワールド	●	●				●	●		●		●			●
島根県	島根県立しまね海洋館（アクアス）	●					●			●					●
	松江フォーゲルパーク											●			
岡山県	池田動物園													●	
広島県	宮島水族館（みやじマリン）														●
	福山市立動物園			●											●
	広島市安佐動物公園														●
山口県	周南市徳山動物園														●
	下関市立しものせき水族館　海響館														●
徳島県	とくしま動物園														●
愛媛県	虹の森公園おさかな館														●
	愛媛県立とべ動物園	●													●
高知県	桂浜水族館														●
	高知県立のいち動物公園				●										●
福岡県	福岡市動物園														●
	久留米市鳥類センター												●		
	海の中道海浜公園												●		
長崎県	長崎ペンギン水族館	●		●				●	●	●	●		●		●
	西海国立公園 九十九島動植物園 森きらら														●
熊本県	熊本市動植物園														●
	阿蘇カドリー・ドミニオン														●
大分県	大分マリーンパレス水族館「うみたまご」													●	
	別府ラクテンチ													●	●
宮崎県	宮崎市フェニックス自然動物園												●		
鹿児島県	鹿児島市平川動物公園														●

日本動物園水族館協会（JAZA）のWebサイトの情報を基に，編集部で独自に情報を収集してまとめた。ペンギン分類は『IUCNペンギン・レッドリスト』とは異なり，基本的にJAZAの分類による。情報は常に変動するため，最新の状況は各施設で確認していただきたい。参考Webサイト：https://www.jaza.jp/，https://doubutsuen.net/

■和名

206

■地名

■島名

■組織

遺伝いきものライブラリ①

ペンギンの生物学

ペンギンの今と未来を深読み

発 行 日	2020年 2 月 22 日　初版第一刷発行
	2023年10月20日　初版第二刷発行
編　　　集	『生物の科学　遺伝』編集部
発 行 者	吉田　隆
発 行 所	株式会社エヌ・ティー・エス
	〒102-0091 東京都千代田区北の丸公園2-1 科学技術館 2 階
	Tel. 03-5224-5430　http://www.nts-book.co.jp/
ブックデザイン	坂　重輝 (有限会社グランドグルーヴ)
印刷・製本	藤原印刷株式会社

ISBN978-4-86043-644-5

ⓒ 森　貴久、安藤達郎、塩見こずえ、阿部秀明、上田一生、國分亙彦、
長崎ペンギン水族館